삶을 바꾸는 집 정리 노하우

어떻게 하면 사랑하는 사람들과 좀 더 행복하게 살 수 있을까?

이 책은 한국에 최적화된 '가구별 정리'를 통해 인생이 바뀌는 비법서이다. '정리를 통해 무슨 인생까지 바뀌냐.'라고 생각하는 사람이 있을 수 있겠지만 사실이다. 정리는 사람의 기억과도 같아 과거를 풀어낼 수가 있다. "첫사랑의 기억은 무덤까지 간다."라는 말이 있듯, 정리를 하면 할수록 지우고 싶은 과거는 비우고 좋은 과거는 현재까지 남겨 놓게 된다. 이렇게 추억이 담겨 있는 물건을 가야 할 곳에 올바르게 보내 주면 현재에 집중하게 되어 삶이 한결 가벼워지는 걸 느낄 수 있다.

이러한 느낌을 경험해 본 고객들이, 변화된 삶의 만족감을 더해 주변 인들에게 정리 바이러스를 전해 주었다. 그들은 나의 열성 팬이 되어 나의 삶도 변화시켜 주었다. 공간 정리 컨설턴트로 시작한 나는 '정리를 통해 삶을 바꿔 주는 마법사'가 되어 전문가로 인정받으며 많은 이에게 정리의 마법을 전하고 있다. 정리를 시작하면서 평범한 가정주부에서 한 회사의 대표로 성장한 내 삶도 첫 시작은 집 정리·정돈에서 시작되었다.

집 정리·정돈은 오늘날 더 중요해지고 있다. 코로나19로 인해 삶의 방식이 바뀌면서 당연히 얼굴을 마주하며 생활하던 삶에서 얼굴을 마주하지 않고서도 일을 하고, 여가를 즐기는 등의 생활로 대부분 변하였기 때문이다. 코로나19 이전까지 '집'은 잠을 자고 밥을 먹는 쉼터의 역할이었다면, 이제는 일과 문화생활, 교육의 역할까지 더하게 되었다.

이로 인해 한정된 공간에 새로운 역할의 공간까지 재구성하다 보니 더 넓은 공간을 만들기 위해 이사까지 고민하는 가정이 점점 늘어나고 있다. 지금까지 수천 건의 공간 정리 컨설팅을 하며 내린 결론은 "이사는 집 안 정리를 해 보고 나서 생각해도 절대 늦지 않다."라는 것이다. 정리만 잘해도 이사의 필요성을 전혀 느낄 필요가 없다. 지금보다 더 넓은 평수로 이사를 간다 한들, 공간의 기준과 정리·정돈의 원칙을 지키지 않는다면 이사 전과 다름이 없을 것이다.

공간을 정리할 때 반드시 뿌리가 되는 두 가지 기준이 있어야 한다.
하나, 자신뿐만 아니라 함께하는 구성원 모두가 '공감이 되는 공간'이 있어야 한다.

둘, 각 구성원이 '존중을 받는 공간'이 존재해야 한다.

방문을 넘어 구성원이 함께 공유하는 공간도 있고, 각자가 존중을 받는 공간이 한 집에 조화를 이룬다면 그 집은 반드시 행복이 살아 숨 쉬게 될 것이다.

여기에 더해 이 책의 정리 비법을 익힌다면 가족 구성원마다 성격, 취향, 동선을 고려한 맞춤형 삶의 공간이 완성된다. 모두가 원하는 삶의 방식이 다르기에 살아 숨 쉬는 집을 만들기 위해선 실내 거주 공간별 각자 원하는 공간을 탄생시켜야 한다.

이 책은 단순한 정리·정돈 이론에 그치는 것이 아니라 한국 가구 유형에 맞는 1인 가구부터 4인 이상 대가족까지 누구나 쉽게 따라 할 수 있고 정리만으로 이사 생각이 사라지는 절대 비법 20가지를 아낌없이 써 내려갔다.

새집, 새 물건, 인테리어 등 새로운 것을 최고의 정리라 생각했다면 이 책은 당신의 정리에 대한 인식을 바꾸어 줄 것이며, 늘어나는 가족 구성원과 집의 기능 확대로 방치된 공간에 대한 고민을 해결할 맞춤형 비법서가 될 것이다.

치워도 치워도 어수선한 집을 보며 한숨을 쉬었던 경험이 있던 사람이라면 반드시 이 책을 통해 정리 비법을 꼭 익히길 권하고 싶다.

‘공간 정리 컨설턴트’ 이전에 한 가정의 아내이자 엄마인 가족 구성원으로서 "어떻게 하면 사랑하는 사람들과 좀 더 행복하게 같이 살 수 있을까?"라는 질문에 대해 끊임없이 고민했다. 그 해답은 집을 정리하는 것부터 시작이 된다는 것을 지난 경험을 통해 확신할 수 있었다.

부디 나의 전문적인 지식과 노하우를 통해 이 책을 읽는 많은 가정이 정리·정돈을 통한 변화된 삶을 경험하며, 더 나아가 행복하고 설레는 인생을 살 수 있기를 진심으로 응원한다.

목차

1부.

문제점 분석:
왜 우리 집은 항상 정리가 안 될까?

1. 정리하는 사람이 있으면 어지르는 사람이 있다

남녀노소를 불문하고 단체 생활을 하다 보면 정리하는 사람과 어지럽히는 사람 혹은 정리를 안 하는 사람 이렇게 3가지 부류가 있다. 속으로는 '에휴, 저런 사람 누가 데리고 살까?' 했는데 아이러니하게도 나의 집에도 꼭 그런 사람이 있다. 그 사람 때문에 결국 한 번 더 움직여야 하고 했던 정리를 다시 반복, 또 반복하는 경우가 생긴다. 지금 이 글을 읽는 당신도 위 3가지 부류 중에 속한 사람일 것이다.

내가 정리한 집 안을 가족 중 누군가가 어지럽힌다면 그리고 그게 계속해서 지속된다면 엄청난 스트레스로 다가올 수밖에 없다. 왜냐하면 집은 당신이 안락함을 느끼고 생활하는 데 가장 편한 공간이어야 하기 때문이다. 그런데 여기서 스트레스를 받는다면 당신은 그 어디에서도 힐링을 하고 회복할 공간이 없게 된다. 그렇기 때문에 이 문제는 매우 심각한 사항이라는 것을 깨달아야 한다.

이런 말이 있다. "사람은 고쳐 쓸 수 없다. 더 나은 사람을 선택하고 함께해야 한다." 하지만 이것은 회사와 같은 조직에서 적용되는 말이다. 사랑하는 가족을 정리를 할 줄 모른다는 이유로 집 밖으로 내쫓을 수는 없기 때문이다. 그렇기에 함께 살아가기 위해서 방법을 찾아야만 한다. 최소 당신이 살아가는 시간의 1/3 이상을 당신의 소중한 집에서 시간을 보내야 하기 때문에 최대한 빨리 그리고 지속적으로 진행 가능한 방법을 찾아야 한다.

대부분 어지럽히는 사람들의 이유는 크게 2가지로 나뉜다.

첫 번째 이유는 인식을 못 하기 때문이다. "너 너무 지저분해." 이런 직접적인 말이 자존심을 건드리는 말이다 보니 주변에서 말을 해 주지 않아 개선이 쉽게 일어나지 않을 수 있다. 자존감을 떨어뜨리지 않으면서 문제의 개선을 위해 '권유형 말투'로 문제에 대한 인식을 반드시 하게 해야 한다. 물론 쉽지 않을 수 있지만, 각각의 관계도 다르기에 잘 생각해서 말을 건네어 보자. 꼭 변화를 이끌어 내야 하는 부분이기에 해야만 한다.

두 번째 이유는 정리와 정돈하는 방법을 잘 모르기 때문이다. 어릴 때 학교 수업 시간에 정리·정돈에 대해서 그리고 방법에 대해서 간략하게 배운다. 하지만 주입식 교육으로 시험을 위해 배우는 선에서 끝내고 대부분 적용을 하지 않고 끝나다 보니 제대로 된 방법에 사실 무지한 경우가 많다. 이런 경우는 잘 배우기만 해도 고쳐 나가기 수월하다. 조금씩 천천히 몸에 밸 수 있게 옆에서 도와주자.

한 고객의 사례를 들면 이런 예가 있다. "저희 남편과 연애할 때는 한 번도 싸운 적이 없었는데, 결혼하고 나서는 직장에 다녀와서 옷을 허물 벗듯이 벗고 그냥 내버려 두기 시작하더니 이런 걸로 뭐라고 하면서 자

주 다투기 시작했어요. 또 물건을 쓰고 제자리에 돌려 두질 않아요. 특히
나 양말이나 속옷을 벗을 때 그대로, 그러니까 거꾸로 벗어 두니 매번 뒤
집어 주는 것도 힘드네요. 아기를 키우는 것도 아니고." 듣고 있는 입장
에서 화가 나지만 이 사람은 정리·정돈에 대해서 필요성을 잘못 인지하
고 있는 경우였다. 그럴 때 한마디만 해 보라고 알려 드렸는데 이것에 대
한 효과가 엄청났다고 한다.

  그 말은 다음과 같다. "여보, 왜 양말을 뒤집어야 하는 줄 알아? 뒤집
힌 채로 세탁기에 들어가면 먼지가 하나도 안 빠져서 그냥 그대로인 채
로 물만 적시게 돼. 다른 옷에도 문제가 생겨, 그 먼지가 어디 가겠어?
당신 딸한테 가는데 그래도 그렇게 벗어 던져 놓을 거야?"

  다행히 이 남편분이 딸 바보였는지 아니면 소통이 잘 되는 남편인지
몰라도 그 말을 듣고 뭔가 충격을 받은 듯해 보였다고 한다. 그리고 처음
엔 양말부터 잘 벗어 두기 시작하더니 그 변화가 또 다른 변화를 일으켜
속옷까지 제대로 벗어 두고 근처에 빨래할 거리를 담을 통을 두었더니
모든 옷을 그곳에 잘 벗어서 잘 담아 두기 시작했다고 한다.

  시간이 지나서 남편분이 왜 그렇게 변할 수 있었는지 물어봤더니 고객
은 이렇게 답변을 해 줬다. "남편이 '나는 세탁기에 넣으면 그냥 다 똑같
을 줄 알았는데, 당신이 한 말을 듣고 보니 생각도 못 했던 것들을 뭔가
머리를 망치로 얻어맞은 것 같았어. 그래서 양말부터 잘 벗기 시작했는
데 당신이 좋아하는 것을 보니 뭔가 괜히 그런 것에서 기분이 좋아지기

시작하더라고. 그러다 보니 점점 더 당신이 좋아하는 방향대로 내가 움직이기 시작했던 것 같아.' 하더라고요."라며 말이다. 사소한 것들로 다툼이 생기기 시작한 부부가 사소한 변화로 시작해 다시 사이까지 좋아졌다고 하니 듣는 나도 정말 보람이 있었다.

조금씩 자신의 공간이 변화하고 주변에서 달라진 변화를 칭찬하고 그럼으로 인해 생기는 긍정적인 기운에 만족하게 되면 더 나은 사람이 되기 위해 정리·정돈의 중요성을 알게 된다. 그러면 습관적으로 정리를 하는 사람이 될 수 있다. 처음에 힘들 수 있지만 사랑하는 내 가족이기에 도와주어 서로가 행복한 상황을 이끌어 낼 수 있도록 해야 한다. 혹 혼자 사는 경우, 집이 넓은 편이 아니어도 조그만 변화로도 효과가 더욱 커 보일 수 있으니 더 큰 만족을 이끌어 낼 수 있다.

모든 문제는 사람에게 이유가 있다. 문제가 왜 발생하는지, 세세히 살피고 분석해서 이유를 찾아보면 정리를 하는 데 더 좋은 방법이 나올 수 있다. 또한 정리·정돈 역시 공부하고 배워야 당신의 공간을 더 쾌적하고 기분 좋은 공간으로 유지할 수 있다.

2. 집이 좁다는 새빨간 거짓말

　정리·정돈을 잘 안 하는 사람들이 가장 많이 하는 말이 있다. "나 깔끔한 편인데 이 집이 좁아서 정리하기가 너무 어려워. 이사 갈 거야. 더 넓고 좋은 데 가면 정리도 잘되고 쾌적할 거야. 나 원래 깔끔하니까." 또 나에게 상담을 받고 조언을 얻으러 온 사람들의 대개가 시작하는 첫마디가 "어릴 땐 깔끔한 편이었는데 공간이 좁아서 잘 안되네요."라는 식으로 말을 꺼낸다. 처음엔 '그럴 수도 있구나.'라고 생각했지만 이제는 귀여운 변명으로 들린다.

　이렇게 생각해 보는 건 어떨까? 당신이 이사 가는 날이 언제인지 모르겠지만 그때까지 어질러진 공간에 사는 게 행복한가? 그리고 그전에 당신이 살아온 모든 공간이 정말 깨끗했는지? 어릴 땐 부모님이 도와줘서 그랬던 건 아닌지 객관적으로 자신을 돌아볼 필요가 있다.

　이렇게 말해 주면 결과적으로는 99%가 본인이 정리·정돈을 잘 안 한다는 결론이 나온다. 물론 몇몇은 이런 질문을 인정하지 않기도 하지만 사는 집에 들어갔을 때(특히 원룸이나 투룸) 대부분의 원인은 그 사람에게 있었다.

　사실 공간은 잘못이 없다. 그것을 잘못 활용하고 있는 세대주 혹은 공간 사용자에게 문제가 있다. 물건이 너무 많다고? 어차피 당신은 그 모든 물건을 다 쓰지 않고 있다. 비워 내면 충분히 지금보다 더 넓게 공간을 활용할 수 있다. 그러니 공간 탓은 그만하고 개선할 마음을 갖고 지금 살고 있는 공간이 먼저 행복한 공간으로 바뀔 수 있도록 움직여 보길 바란다.

카페나 식당은 자주 가서 지겹다는 이유로 다른 곳에 가기가 쉽지만, 거주하는 공간은 그런 이유로 옮기기에는 비용이 매우 많이 들어 그럴 수가 없다. 이런 마음이 들 때 할 수 있는 방법은 2가지가 있는데 그것은 바로 인테리어와 정리·정돈이다.

하지만 인테리어 역시 어느 정도의 비용이 발생할 수 있고, 만약에 인테리어를 잘못했을 때 오히려 역효과가 나는 경우가 있다. 예를 들어 인테리어 혹은 리모델링을 한 곳이 마음에 들지 않는 경우가 생겼다. 그렇다고 해서 다시 무르거나, 비용을 무한정 내며 고칠 수 없다. 비용을 많이 들였지만 볼 때마다 스트레스가 쌓이게 될 것이다.

하지만 정리하는 것은 다르다. 비용이 든다면 봉투 비용 정도 혹은 소액의 수납용품 정도로 그친다. 정리를 잘못했을 때는 다시 추가 비용 없이 돌릴 수 있으며 시간도 오래 걸리지 않는다. 그래서 정리·정돈만으로도 당신은 이사한 것처럼 큰 효과를 낼 수 있고 집이 새로운 느낌이 들면서 또 다른 방법들보다 훨씬 더 경제적으로 절약을 할 수 있기도 하다.

이 정도면 이제 당신이 집을 정리하고 정돈해야 하는 이유를 더 설명할 필요가 있을까?

동의한다면 다음 장에서 당신을 기다리겠다.

3. 당신이 정리·정돈을 해야 하는 이유

위에서 말한 것만 봐도 사실 당신이 정리·정돈을 해야 하는 이유는 충분하다. 하지만 그래도 몸을 움직이는 데 부족할 수 있는 이들을 위해 또 다른 좋은 변화들에 대해서 알려 주고 싶다.

1) 심리적인 안정감을 준다

어릴 때 시험 기간에 공부하겠다고 선언한 후 일단 정리부터라고 하면서 책상과 방 청소를 한다. 중요한 일을 두고 마음가짐을 새로이 하겠다며 정리를 하는 일이 드라마 소재에도 종종 쓰일 만큼 빈번히 일어난다. 왜 어떤 일을 앞두고 막상 중요한 것보다 정리·정돈을 하는 것일까?

이유는 심플하다. 주변이 어지러운데 심리적으로 안정이 될까? 심적으로 안정감이 갖춰져야 일을 진행하는 데 집중이 잘되고 효율이 높다는 것을 본능적으로 알고 행동으로 옮기는 것이다. 사람은 외부의 일이든 공부든 혹은 사람 간의 관계에서 스트레스를 받을 일이 정말 많기에 집에서만큼은 심리적 안정감을 느낄 수 있도록 환경을 만드는 것이 그만큼 본능적으로 중요하다는 것을 알고 있다는 것이다.

우리가 편의점이나 마트를 갔다 왔을 때 가족 중 누군가가 혹은 스스로가 "이거 집에 있는데 왜 샀어?"라고 하는 경우가 있다. 집에 물건이 있는데 똑같은 것을 사는 것만큼 낭비가 없다. 아이러니하게도 계산을 다 하고 나서 장 본 것들을 정리할 때 이런 생각이 떠오르곤 하는데 정리·정돈만으로도 이러한 행동을 방지할 수 있다.

왜일까? 정리를 한다는 것은 곧 방 안의 물건들이 어디에 있는지 안다는 것이다. 그것은 재고 현황 자체를 무의식적으로 내 머릿속에 입력한다는 것과 같다. 정리·정돈을 할 때는 나중에도 말하겠지만 집 안의 모든 장소와 모든 물건에 다 손을 대어야 한다. 그렇기에 잠재의식 속에 내가 만졌던 물건들을 기억하고 있어 없다고 생각했던 물건에 손을 대는 순간 입력되어 있던 기억이 나온다. 이는 필요 없는 지출을 막아 주게 되니 절약하는 데에도 효과가 있다.

그리고 물건을 정리할 때 그 잠깐의 터치를 하는 것만 해도 물건과 나의 연결 고리가 단단해지며 그것에 대해서 애정이 생기게 된다. 잘 돌아보면 별로 친하지 않았던 사이인데 악수라든가 포옹과 같은 스킨십을 1초도 안 되는 매우 짧은 시간 나눴을 뿐인데도 그 사람과의 관계가 두터워지거나 발전하는 경험을 한 적이 있었을 것이다. 물건도 마찬가지다. 그 물건에 대한 애정이 생기면 책임감도 생기게 되어 아껴 쓰게 되고 그러다 보면 물건의 수명도 늘어나게 된다. 이렇게 함으로써 물건 쓰는 것

또한 절약하는 효과가 나타난다.

3) 건강과 다이어트에도 효과가 있다

바로 위에 말한 것처럼 정리·정돈을 할 때는 집 안의 모든 물건을 밖으로 다 꺼내야 한다. 그렇게 하면 평소 청소할 때 손을 대지 못했던 공간들이 생기며, 보이지 않던 먼지들이 보인다. 물건들이 있어 청소를 못 했던 곳들이 청소하기가 쉬워져 저절로 청소용품에 손이 가게 된다. '이때 아니면 내가 언제 청소하겠나?'라는 생각에 먼지들을 제거함으로써 집 안의 청결을 유지할 수 있으니 당연히 건강에도 좋다.

또한 해 봐서 알겠지만 정리·정돈을 한다는 게 짧게 끝나는 것도 아니고 전신의 힘을 지속적으로 사용해야 한다. 때문에 끝나고 나면 생각한 것 이상의 칼로리를 소비하게 되고 다음 날 내 몸의 체중을 체크해 보면 꽤 많이 빠져 있는 경우를 볼 수 있다. 나 같은 경우 평균적으로 0.5~1kg 정도는 시원하게 빠진다.

4) 결정하는 능력과 단호함을 기를 수 있다

'버리기'가 정리·정돈의 전부인 것처럼 말하는 사람이 있지만 사실 이것은 방법 중 하나로 봐야 한다. 하지만 큰 비중을 차지하는 것은 사실이다. 정리·정돈을 못 하는 사람 중 많은 이유가 이 버리기를 잘 못 하는 경우가 많다. 미련이 남아서인지, 추억이 서려 있어서인지, 곧 쓸 예정이라든지(실제로는 쓰지 않겠지만) 기타 등등의 이유로 버리지를 못한다.

그러나 과감하게 버리기를 한번 하고 나면 공간이 넓어지고 쾌적해지고 그로 인해 달라진 모습들을 보게 되면 '내 선택이 옳았구나.'라는 것을 알게 됨과 동시에 성취감도 느낄 수 있게 된다. 그러면 여태껏 무언가를 선택할 때 우유부단했던 사람이 자신감 있게 무언가를 선택해 나가고 주체적으로 이끌어 나가는 성향으로 변화하는 계기가 된다.

사람이 삶을 주체적으로 산다는 것, 정말 큰 의미이다. 한 번밖에 없는 인생을 평생 남들에게 휘둘려 사는 것보다 내가 원하는 대로 살아가는 것이 훨씬 행복해지고 후회가 줄어들기 때문이다. 생각도 못 했겠지만 그리고 믿을 수 없겠지만 단 한 번, 그 한 번의 실천이 이렇게 당신의 인생에 큰 효과를 가져올 수 있다.

5) 아이들에게 좋은 교육이 된다

아이들에게는 부모의 모든 행동이 교육의 수단이자 과정이 된다. 부모가 직접 정리하는 모습을 지속적으로 보여 주면 아이는 자동적으로 정리를 따라 하게 된다. 그게 습관이 되어 '정리라는 것은 지속적으로 그리고 주기적으로 하는 것'이라고 머릿속에 각인이 되어 정리·정돈을 하는 것에 거부감도 사라지며 당연한 것으로 생각을 하게 된다.

나이가 들면 들수록 무언가를 새로 배우는 것이 힘들고 괴롭다는 것을 안다. 그래서 어릴 때부터 정리·정돈을 하는 것을 당연하게 생각하면 아이가 커서 자신만의 공간을 가질 때 혹은 독립을 할 때 정리·정돈을 잘하게 된다.

또한, 정리·정돈 역시 아이들에게는 레고를 하는 것처럼 꽤 재밌는 놀이가 될 수 있어 지능 발달과 공간 활용 능력에 도움을 줄 수 있다. "이거를 여기에 맞춰 넣어 볼래?"라고 아이에게 작은 퀴즈를 주어 아이에게 고민하는 거리를 주어 생각을 하게 만들 수 있고 그것을 맞춰 넣어 가면서 시도라는 것을 하게 해 준다. 잘했다고 칭찬을 해 줌으로써 아이는 성취감이라는 것을 맛보게 되어 "또 할래. 또"라는 말을 하게 되고 이렇게 아이의 발달과 좋은 습관을 동시에 심어 줄 수 있으니 좋은 교육이 될 수 있다. 주어진 공간에서 어떻게 하면 효율적으로 놓고 쓸 수 있을까를 정리하게 되면서 스스로가 깨닫기 때문에 정리를 하면 할수록 교육적인 부분에서 긍정적인 효과를 가져올 수 있다.

6) 변화에 대해서 즐길 줄 알고 발전하는 사람이 될 수 있다

앞서 말했지만 나이가 들면 들수록 기존의 것을 지키고 싶고 안주하고 싶어진다. 새로운 무언가를 해야 할 때 그리고 그것이 내가 원해서가 아니라 누군가로부터 주어질 때 사람의 뇌는 극도로 거부 반응을 보이게 되고 이런 것들이 쌓일수록 사람은 더욱 수동적이고 폐쇄적으로 변하게 된다. 폐쇄적이고 보수적인 그리고 발전이 더딘 사람들의 대부분이 무언가로부터 주어지는 변화를 무척이나 싫어하는 경우가 많다.

정리·정돈을 하는 둥 마는 둥 대충 하는 것 혹은 아예 하지 않는 것도 지금 있는 그 상황에서 변화되는 것이 싫어서가 큰 이유이다. '굳이 사는 데 문제가 없는데 왜 해야 해?'라며 자기 스스로 합리화를 하는 경우가 많다.

'수신제가치국평천하'라는 말이 왜 나왔을까? 자기 자신도 못 다스리는데 어떻게 사람이 발전이 있을까? 결국 자기 자신을 닫게 하는 변명일 뿐이다.

방 하나 혹은 집 하나의 공간이 본인에게는 편하고 안락한 공간이지만 큰 관점에서 보면 그것도 역시 작은 사회적 공간이다. 그 공간을 잘 지배하지 못하고 스스로에게 지고 마는데 어떻게 그 사람에게 발전이 있을 수 있을까?

정리·정돈을 한다는 행위 자체가 스스로 자기 자신을 안주하지 않고 더 나은 공간으로 활용하며 작은 공간부터 잘 컨트롤해 나가는 의미가 있는 행위이다. TV에서 나오는 궁궐 같은 집을 보며 '나는 왜 저렇게 태어나지 못했을까?'가 아니라 본인이 그런 공간을 만들기 위해 노력하는 인간이 되기 위해 정리·정돈은 필수이다. 많은 성공한 사람이 정리·정돈을 필수 습관으로 드는 것을 보아도 자기 계발에 있어 반드시 필요한 것으로 생각할 가치가 있다.

사실 이 외에도 정리를 한다는 것의 장점은 다 표현할 수 없을 정도로 무수히 많다. 하지만 이 정도 장점만 말해도 인생에 도움이 될 만큼 큰 장점들이 아닐까? 집 밖에서 행해지는 것도 아니고 당신이 편하게 입은 채로 남들 의식하지 않고 자신을 위해서 하는 행위이며 자기 관리 방법 중 하나이기도 하다. 자신을 위해서 한다고 생각하면 안 할 이유가 정말 하나도 없다. 그러니 이 책에서 좋은 방법들을 배우고 따라 하면서 새롭 게 마인드 셋을 해 보길 바란다.

4. 정리·정돈은 최고의 리모델링이다

앞서 말했지만 이사를 가거나 인테리어 시공으로 당신의 거주환경을 변화시킬 필요가 없다. 그리고 이런 방법들은 너무나도 비용이 많이 들며 유행을 타기도 하여 또 환경에 질리게 되기 쉽다. 다시 또 질린다는 느낌이 들었을 때 당신은 다시 이사를 가거나 집을 리모델링을 할 수 있을까? 당신이 정말 경제적으로 여유가 많아서 그렇다면 그렇게 해도 된다. 아니 그랬다면 이 책을 읽지 않았을지도 모른다.

하지만 대부분이 그렇지 않을 것이다. 그래도 괜찮다. 정리만 해도 당신은 인테리어를 한 것과 같은 큰 효과를 느낄 수 있고 비용도 절약할 수 있다. 특히나 처음 정리·정돈을 배울 때 그 효과는 생각보다 크다. 그래서 가끔 처음 배워 적용한 고객분들 중 많은 분이 이렇게 말씀하시곤 했다.

"생각보다 집이 넓었네요. 왜 이렇게 좁냐며 불평만 했는데. 잘못 쓰고 있었네요."

"집이 공간이 생기고 나더니 밝아진 것 같아요. 새롭게 다시 집을 쓰는 듯한 느낌이에요."

"집을 사러 처음 보러 왔을 때가 생각나요. 그때는 꽤 넓어 보여서 계약하고 들어왔는데. 다시 그때로 돌아간 것 같은 기분이 드네요."

돈을 모아서 혹은 경제적으로 여유가 생겨서 새로운 집에 이사를 가는 것만큼 뿌듯한 때가 없다. 하지만 그것은 쉽지 않기에 우리는 지금 것에 만족하기 위해 거기서 변화를 이끌어 내야 한다. 그렇지 않으면 당신은 밖에서도 스트레스를 받고 집에서도 스트레스를 받아 당신이 행복하게 쉬면서 편안함을 누릴 공간은 이 세상 어디에도 없게 된다. 이보다 안타까운 일이 없지 않은가?

집을 정리·정돈함으로 인해 생기는 변화로 당신은 집에 처음 들어올 때의 느낌처럼 다시 한번 당신의 공간을 사랑할 수 있게 된다. 비용은 최저로 만족은 최대로, 가성비적으로 최고의 효율성을 당신은 정리·정돈으로 이끌어 낼 수 있다.

다시 한번 설레던 그때로 돌아가 보자.

5. 정린이에서 전문가가 되는 가장 쉬운 3가지 대원칙

1단계: 꺼내자

정리·정돈의 제일 첫 번째 원칙이다. 일단 물건들을 그 공간의 중간으로 끄집어내야 한다. 부담스러워하지 말고 어려워할 필요도 없다. 한 방부터 혹은 화장실부터 하나씩 실행해 나가면 된다. 그러니 처음 '꺼내기' 단계를 시작할 때 제일 좁은 곳부터 시작해도 된다. 각 장소마다 조금씩 다른 특징과 방법이 존재하지만 대원칙은 똑같다.

먼저 집에 있는 작은 방을 골랐다면 모든 물건을 끄집어내어서 중간에 정리해 보자. 만약 그것이 공간 여력이 안 되어 어렵다고 느껴진다면 그 다음에 적용될 작은 Tip은 이렇다.

그 공간 내에 있는 같은 물건만 먼저 모조리 꺼낸다. 일단 비율이 가장 높은 것부터 꺼내야 한다. 예를 들어 작은 방에 옷이 가장 많다고 한다면 모든 옷 종류를 다 꺼낸다. 속옷, 양말, 내의, 아우터 등 당신의 방에 있는 모든 종류의 옷가지를 방 한가운데 가져다 놓자. 그리고 펼쳐 놓고 그 것들을 바라보면 1단계가 끝이 난다.

1단계의 꺼내는 작업이 완료되면 이제는 가장 어려운 2단계, 버리는 단계에 접어들게 된다. 이 단계가 가장 어려운 것은 뭘 버려야 할지 그리고 버려도 되는 건지에 대해서 결정을 해야 하는 단계이기 때문이다. 무언가를 결정한다는 것은 책임이 생기는 행위이기 때문에 나중에 후회하지 않을지에 대한 걱정으로 쉽지 않다.

하지만 이때 결정을 내릴 수 있어야 한다. 그래야 당신의 집과 공간이 살아 숨 쉬는 곳으로 변화할 수 있다. 그래서 망설이지 말자. 어렵다면 아래의 조언들을 참고하자.

* 가장 버리기 쉬운 것들을 다 빼놓는다.
* 망설임 없이 버릴 것들은 그 공간에서 빼놓고 남은 것들에서 다시 순위를 정한다.
* 1년 이상 손을 대 본 적이 없는 것은 바로 버린다.
* 추억과 설렘 그리고 좋은 기억이 남아 있는 물건은 버리는 것에서 보류한다.
* 물건에 손을 댔을 때 안 좋은 기억이 떠오르는 물건은 과감하게 버린다.
* 수명이 다한 물건들 역시 바로 그 자리에서 봉투에 담자.
* 내가 안 쓰고 있고 그래서 다른 사람에게 주기로 한 것도 버리자.
* 부피가 큰 물건일수록 더욱 과감하게 결정할 필요가 있다.
* 만약 자취 중이라면 계절이 지나 다시 입을 것들은 따로 모을 곳을 정해서 본가로 다시 돌려보내야 한다.
본가로 돌려보낸다고 해서 그곳을 임시 보호소라고 생각하지 말고 필요하고 꼭 입는 것들만 보내야 한다. 본가에 안 입는 옷들을 보내는 것이 마이너스 기운을 전달한다고 생각하면 쉽게 정리가 될 것이다.
* 버리고 나서 버린 것들에 대한 미련 역시 과감하게 버려야 한다.

물론 심리상 당장 필요한 일이 있어 집에 있는 옷이 필요할 때 본가에 다녀와야 하는 번거로움이 생길 것 같아 불안하고 귀찮다는 생각이 들 수 있지만, 생각보다 그런 일은 자주 발생하지 않고, 집에 다녀오면서 사랑하는 가족을 보고 돌아오기 때문에 당신은 긍정적인 에너지를 함께 가져올 수 있다.

하지만 물건을 보낼 때 가장 큰 원칙은 다음번에 사용할 것들이지만 지금은 철이 지나서 못 쓰는 것들이어야 한다. 잘 입지도 않고 공간만 차지하는 것이라면 지금 당장 헌 옷 수거함에 그 옷들을 버려야만 한다. 본가를 창고로 쓰는 것이 아니라 나중에 쓰기 위한 임시 보호소로 사용해야 하며 쓰지 않을 것들을 두는 것은 본가에 마이너스 에너지를 두고 온다고 봐야 하기에 반드시 비울 것들은 비워 두고 보내야 한다.

나중에 한 번 더 버리는 것들에 대해서 자세하게 설명하고자 한다. 일단 대원칙에서 짧게 간추렸을 때 이 원칙들을 기억하면 쉽다. 그리고 마지막이 제일 중요하다. 버린 것들에 대한 미련도 역시 함께 버리는 것. 이것이 끝이 나야만 버리는 과정이 끝난다.

정리·정돈 대원칙 마지막 3단계의 깔끔하게 다시 수납하기에서는 버리고 남은 것들을 잘 수납하는 데 핵심이 있다. 잘 수납하기 위해서는 짐들이 머물다가 나오면서 생겼던 공간들에 있던 먼지들을 다 닦아 내면

서 공간에 대한 감사한 마음도 같이 가져야 한다.

　그리고 그 공간을 닦아 낸 후 수납을 할 때는 공간을 잘 활용해 주는 것이 감사한 마음의 실천이다. 물론 수납을 할 때도 역시 물건들을 하나씩 닦아 줘야 한다. 그러면서 물건의 재고도 나의 잠재의식 속에 남겨지게 되어 앞서 말한 절약의 효과도 부가적으로 생긴다.

　공간이 좁으면 좁을수록 세로로 수납을 하는 것이 제일 좋다. 그리고 걸 수 있는 옷가지들은 최대한 걸어서 공간을 다 활용해야 한다. 또한 물건마다 계속 쓸 장소를 정해서 한곳에 모아서 정리하고, 처음 정리할 때 힘들더라도 최대한 깔끔하고 보기 좋게 정리해야 한다. 한 번만 제대로 하고 나면 그다음부터는 크게 정리할 필요가 없다 보니 그때 했던 행동들이 아깝고 돌아가기 싫은 마음을 만들어 주기 때문에 나를 위해 한다고 생각하고 최대한 성의껏 수납하자.

6. 연쇄 정리 효과

  이쯤 되면 정리라는 것이 일상에서 당신이 비용을 들이지 않고 변화를 줄 수 있고, 가장 극적인 효과를 줄 수 있는 최고의 방법이라는 것을 알게 되었을 것이다. 또한 당신이 머문 어느 곳이든 효과가 나타날 수 있기 때문에 적용하기가 매우 쉽다.

  그래서 이 변화에 짜릿함을 느끼게 되면 기존에 당신이 활동하는 공간에도 적용을 하고 싶어지고 일상의 생활 습관이 바뀌게 된다. 이것이 바로 '연쇄 정리 효과'이다.

  지저분한 곳을 보게 되면 정리가 하고 싶어지는 당신을 발견하게 되고, 정리 후에 깔끔해진 모습에 기분이 좋아지게 된다. 이것이 당신이 생활하는 집일수록 효과가 더욱 커진다. 평소 쉽게 생각하던 집에서 하는 모든 행동이 깔끔하게 정돈된 것이 유지될 수 있도록 해 주는 좋은 생활 습관으로 변화하게 되고, 이로 인해 당신의 집은 생명력을 얻고 애정이 있는 공간으로 변화한다.

  이런 공간일수록 당신이 직장이나 학업을 마치고 돌아왔을 때 얻는 회복과 편안함은 기존에 느껴졌던 것보다 훨씬 크다. 그로 인해 정리·정돈을 유지하는 당신은 부지런해지고, 살도 빠지게 되는 효과도 얻게 된다. 다이어트에 부지런한 것만큼 제일 좋은 묘약은 없다는 것을 모두가 안다.

정리·정돈을 한다는 것은 집 안에 쓸데없는 물건이 쌓이지 않게 한다는 것과 같다. 그래서 배달해서 시킨 포장지와 박스들이 쌓이는 것도 싫어지게 되면서 조금이라도 덜 시켜서 먹게 되니 체중이 늘어날 수가 없다. 그렇게 날씬해지고 예뻐지는 당신을 바라보면서 당신은 당신 자신을 사랑하는 사람이 되어 간다.

그리고 물건을 찾는 시간도 사라지면서 스트레스도 사라지게 되고 당신 주변에 당신이 좋아하는 물건들만이 있기 때문에 기분도 좋아진다. 또한 잘 정리되어 있는 것이 당신의 마음을 평안하게 해 주기 때문에 하던 일이 더 잘될 수밖에 없다.

이제 1부를 읽은 당신은 정리·정돈이 당신에게 나쁜 점이 하나도 없다는 것을 알게 되었다. 실천으로 옮겨 가 보도록 하자.

상황 진단 솔루션 1:
1인 가구의 경우

1. 원룸 vs 투룸 그리고 1.5룸

1인 가구의 경우 대부분 학교 통학하는 시간을 줄이거나 출퇴근 시간을 줄이기 위해 혹은 취업의 목적으로 기존에 살던 본가에서 나와 집을 얻어 생활한다. 여유가 부족하면 원룸에서 그리고 조금 여유가 된다고 하면 1.5룸이나 2룸에서 생활하는데 각 경우마다 방을 효율적으로 사용하는 방법은 분명 다르다.

특히 가장 좁은 원룸의 경우는 보관할 수 있는 수납공간이 거의 없고 생활하는 공간과 수납공간이 한 공간에 있기 때문에 더욱더 공간 활용을 잘해야 생활하는 데 불편을 최소화할 수 있고, 1.5룸이나 2룸도 상대적으로 공간은 넓지만 기존에 살던 집에 비해 공간이 좁을 수밖에 없어 신경을 써 줘야만 깔끔하고 기분 좋게 그 공간에서 오래 머물 수 있다.

대부분이 이러한 곳에 살 때 월세 혹은 전세의 방식으로 머물기 때문에 그다음 임차인이 생길 때까지 혹은 계약 기간을 마칠 때까지 지내야 한다. 문을 열고 집에 들어올 때마다 '휴, 이놈의 집구석.'이라는 생각보다 '역시 집이 최고야.'라는 생각이 들 수 있도록 만들어야 매일매일 괴롭지 않고 휴식하고 살아갈 힘을 얻는 공간으로 쓸 수 있다.

원룸은 말 그대로 한 공간에 한정되기에 다른 곳들보다는 좁을 수밖에 없다. 이 좁은 공간에서 공간을 활용하지 못하고 짐들을 마구잡이로 쌓아 둔다면 이곳은 그냥 창고와 다를 곳이 없는 공간이 되어 버린다. 당신이 이곳을 먹고 자고 씻고 쉬는 생활공간으로 활용하고자 한다면 그 어떤 곳보다 정리·정돈과 공간 활용을 최우선적으로 해야만 한다.

필자도 원룸에서 생활해 본 적이 있다. 정말 좁았던 반지하부터 1층, 그리고 3층의 조금은 넓었던 원룸까지 다양한 종류의 원룸에서 생활을 해 보았다. 원룸이라고 해서 좁으니 공간을 활용할 수 없을 것이라는 생각은 버리자. 활용하고자 하면 활용할 수 있는 공간이 생각보다 많다. 그러니 일단은 공간을 만들어 내는 것부터 시작하자.

일반적으로 원룸의 평수가 좁으면 4평에서 조금 넓으면 8~10평까지 2배 차이가 날 수는 있지만 현관문, 생활공간, 침실 그리고 화장실이 한곳에 있다는 것은 다 똑같다. 또한 기본적으로 제공되는 수납공간 역시 하나밖에 없는 것도 마찬가지라 공간 활용에 포커스를 두고 다음의 방법을 따라 해 보기를 바란다.

(1) 시작은 옷을 개는 것부터

혹시라도 옷을 둘 데가 없어서 방 안에 대형 행거(2층 행거)를 사 뒀다면 이것은 정말 투머치한 선택이다. 안 사는 게 제일 좋다. 안 그래도 좁은 공간에 무언가를 더 들이는 것만큼 사치는 없기 때문이다. 보기에도 관리가 안 되는 것처럼 지저분한 느낌을 많이 주니 없는 게 좋다. 박스 속의 옷들을 수납장에 집어넣고 계절에 맞는 옷만 보관해 둔다면 하나뿐인 장롱도 충분히 사용할 수 있다.

그리고 옷들을 옷걸이를 이용해 모두 세워 걸어 둔다면 굳이 패셔니스타가 아닌 이상 행거까지 원룸에 둘 필요가 없다. 만약 장롱이 없는 원룸이라면 그때는 구매하는 것을 말리지 않는다. 당연히 있어야 공간을 활용할 수 있다. 팁이라면 행거를 가릴 수 있는 커튼이 달린 행거가 미관상 좋다. 장롱 문이 닫혀 있는 것처럼 가릴 수 있어야 깔끔해져서 공간에 대한 애정이 더해질 수 있다.

옷은 한쪽에는 긴 옷, 또 반대편에는 짧은 옷이라는 기준을 두고 걸어 두어야 한다. 하지만 옷을 너무 많이 걸어 두는 것도 미관상 좋지 않을뿐더러 장롱 문을 열자마자 머리가 지끈 아프게 되는 이유가 된다. 너무 많은 옷은 무엇을 입어야 할지 둘러보기 힘들게 하기 때문에 옷의 간격을 살짝이라도 있게 걸어 두어야 한다.

행거에 걸 옷들을 다 걸었다면 이제는 옷을 개야 할 때가 왔다. 핵심은 개어 세워서 수납을 하는 것이다. 기존에 개는 방법은 접어서 가로로 이곳저곳에 막 던져 놓듯이 올려놓기 때문에 내 옷이 어디에 있는지 찾기가 어려울 수 있다. 하지만 갠 옷들을 세워서 정리를 하게 되면 찾아 꺼내어 쓰기도 쉬울 뿐만 아니라 공간을 예전보다 3~4배는 넓게 사용할 수 있게 된다. 그러니 옷을 직사각형 모양으로 접어서 수납해 보자.

(2) 이불 정리·정돈 '1분의 습관'의 위대함

이번에는 침대가 있는지 없는지에 따라 방 공간이 달라진다. 침대가 없는 원룸이라면 일어나서 이불을 개어 장롱에 넣는 습관을 갖기만 해도 공간을 훨씬 더 사용할 수 있게 되는 놀라운 효과가 있다. 아까 옷장에서 빼낸 옷들 외에 남아 있는 옷가지들을 모두 옷걸이를 이용해 세워걸고 나면 바닥에 생기는 공간에 이불들을 집어넣어 보자. 위 공간이 없다면 바닥에 두더라도 개어서 두면 된다. 개어 둔 것을 최대한 벽과 벽이 만나는 모서리 쪽에 둘수록 좋다.

이렇게 하는 데 1분도 걸리지 않는데 이 1분의 행위로 인해 집이 훨씬 깔끔하고 공간이 넓어 보이는 효과가 있다. 집 문을 열고 들어오자마자 이불이 너저분하게 펼쳐져 있다면, 발을 디딜 공간이 없어 짜증부터 날 수 있는데 이렇게 '1분의 습관' 하나만으로도 기분이 상하는 것을 막을 수 있고 안락한 공간이라는 느낌을 받을 수 있다.

유튜브에 아주 유명한 영상이 있는데 한 번 보기를 권한다. 미국 해군의 별 4개가 있는 해군 대장 중 한 명이 해군사관학교 졸업식에서 한 연설이다. 한국의 UDT라고 이번에 〈가짜사나이〉 영상을 통해 유명해진 부대가 있다. 한국에 UDT가 있다면 미국에는 NAVY SEAL이라는 부대가 있는데 그는 이곳에서 훈련을 할 때 첫 번째 과업은 이불을 정돈하는 것이라고 한다. 그만큼 사소한 것부터 잘 시작을 해 둬야 큰일을 할 때 거침없이 헤쳐 나갈 수 있다고 말하는 것이 그 영상의 포인트이다. 영상을 보

고 싶다면 유튜브에서 '세상을 바꾸고 싶다면, 이불 정리부터 시작해'라
고 검색해 보자.

　위 영상을 보고 왔다면 이제 이불 정돈을 하는 습관이 몸에 밸 수 있게
매일 일어나자마자 당신의 첫 번째 임무라고 생각하고 움직이자. 이불
을 개면서 당신은 몸을 움직이게 되고 잠도 깨어 다시 눕지 않아 부지런
함도 얻을 수 있다.

2) 1.5룸과 투룸 정리·정돈 방법

1.5룸과 투룸은 원룸보다는 공간이 나뉘어 있고 평수도 넓기 때문에 생활하기 조금 더 쾌적하다. 그렇지만 생활공간과 쉬는 공간을 구분하지 않고 방을 혼잡하게 사용하면 기능도 죽고 정리·정돈 역시 매우 하기 힘들어진다. 그래서 정리·정돈을 하기 전 공간을 확실하게 나누는 것이 좋고 정해진 기준에 맞게 지내면 된다.

1.5룸과 투룸은 어느 지역에서는 1.5룸인데 다른 지역에서는 투룸으로 불리는 경우가 많아서 그냥 문 하나 차이로 생활공간과 침실 공간을 나누자. 그리고 장롱이 어디에 있든 옷을 그곳에 수납할 수 있는 정도로만 준비하고 부족할 경우 여유 공간이 된다면 행거에 커튼을 달아서 함께 공간을 사용해도 된다. 이렇게 해도 되는 것은 1인 가구이기 때문에 가능하다. 만약 집에 아이나 배우자가 있다면 이렇게 생활해선 안 된다.

그리고 침대 혹은 누울 매트나 이불이 있는 공간에서는 생활공간인 거실에서 사용하는 것들이 침입하지 못하게 하고, 오로지 쉼을 위한 목적 공간으로 만들어 둬야 그 공간이 빛을 발하고 침실에서는 편하게 쉴 수 있다.

나중에 말하겠지만 1인 가구일수록 정리·정돈의 날을 정해서 꼭 실천을 해야 나를 위한 공간으로 바르게 유지될 수 있는데, 이런 날에는 각 공간마다 한 번씩 다 짐들을 들어내서 정돈을 하면 효율적으로 진행을 할 수 있게 된다. 오전에는 침실, 오후에는 거실 그리고 저녁에는 화장실과 부엌 그리고 현관을 동시에 진행하면 된다.

시간이 지나면 지날수록 그리고 경험이 쌓일수록 노하우가 생기게 되므로 처음에는 하루에 정리하는 시간이 꽤 길 수 있지만 날이 더해질수록 시간이 줄어들기 때문에 저녁에는 약속을 잡아 나갔다 올 수 있는 여유도 생긴다. 아침 일찍 일어나서 창문과 문들을 모조리 열어 안 좋은 기운을 내보내고 좋은 기운들을 맞이하며 나를 위해 정리·정돈을 지속적으로 실행하자.

가족이 생겼을 때보다는 혼자서 살기 때문에 공간을 활용할 수 있는 폭과 선택이 넓어질 수 있지만 방심해서 너무 많은 것을 집에 다 들이게 되면 나보다 짐들이 살게 되는 공간이 된다. 새로운 인테리어 용품도 잠깐 예쁘고 말 것인지, 아니면 정말 나에게 필요하고 사용을 계속해서 할 녀석인지를 잊지 말고 구매해야 한다. 또한 수명이 다했거나, 생각보다 오래 사용하지 못하고 아니면 사용하지 않은 것은 정리·정돈의 날에 비워서 공간을 확보하자.

2. 안 쓰는 것은 보내거나 모아야 한다

본가에서 분리해서 생활하는 경우가 많기 때문에 애초에 필요 없는 것들은 이곳으로 가지고 오지 말아야 한다. 생활에 필요한 필수적인 것과 계절에 맞는 옷가지들 그리고 업무나 학업에 필요한 도구들 외에는 최대한 없애야 한다.

처음 분가할 때 부푼 꿈을 가지고 시작하는 경우가 많다. '여긴 이렇게 두고 저긴 저렇게 활용해서 좁지만 예쁘게 꾸미고 살아야지.'라며 첫 독립생활을 하려고 할 때 가지는 오류가 여기 있다. 또 '이것도 필요해. 저것도 필요해. 아마 이것도 곧 필요할 것 같아.'라는 생각에 최대한 가지고 올 수 있는 것들을 본가에서 다 가져오려고 한다. '일단 뭐가 있어야 꾸미지. 그리고 왔다 갔다 하기 귀찮잖아.'라는 생각과 '가져와서 잘 정리하면 될 거야.'라는 생각으로 나중에 한 번이라도 본가에 와야 하는 귀찮음을 덜어 내기 위해 최대한 박스에 꽉 채워서 가져오는 경우가 많이 있다.

처음 새 공간에 와서 지내는 1일 차는 의욕이 많다. '다 할 수 있어.'라며 정리를 해 보려고 제일 처음에 방과 옵션으로 들어온 물품들을 닦고 주어진 수납공간들을 다 닦아 낸다. 그러다가 일단 '금강산도 식후경 아니겠어?'라며 맛있는 자장면을 한 그릇 시켜 먹는다. 그리고 배가 부르면 조금 쉬고 싶어진다. 자, 이 패턴은 누가 봐도 쉬는 걸로 끝이 난다.

　위에 말한 패턴이 웃기고 재미난 사례일 수 있겠지만 저런 경우가 매우 많다. 첫날에 끝을 내지 못한다면 첫 입주 정돈은 실패로 가게 된다. 주말이라 그다음 날에도 할 수 있겠지만 첫날의 열정이 유지되기는 쉽지 않다. 그렇게 또 다음 날이 되면 학교나 직장에 출근해야 하니 들고 온 박스에서 조금씩 꺼내어 쓰기 시작하면서 박스들과 짐들은 결국 방치되고 만다. 결국 마음만 앞서 첫날만 짐과의 전쟁을 하다가 일주일 그리고 한 달이 지나면 쌓여 있는 짐과 너저분한 방 그리고 방이 좁다는 이유로 어쩔 수 없이 포기하고 있는 모습을 쉽게 볼 수 있다. 그러고 나서는 '괜히 다 가져왔네.' 아니면 '방이 너무 좁아서 어쩔 수 없네.'라며 자기 실수를 인정하지 않고 좁은 공간 탓을 하며 거기서 머무르게 된다.

　이래서 이사할 때 정리는 첫날에 모든 것을 끝내야 한다. 짐을 들고 오기 전에 미리 방과 수납공간들을 다 닦는 것이 제일 첫 번째 해야 할 일이다. 그다음으로 짐을 옮기기 시작해야 한다. 그리고 사용했던 박스를 재활용할 수 있다면 본가에 두고 오는 것이 제일 좋고 그게 아니라면 아깝더라도 그냥 버리자.

　간혹 '나중에 이 박스를 보내는 데 쓰면 되니까 놔두자.'라고 방구석에 놔두지만 그런 날은 좀처럼 오지 않고 결국 자리만 차지하며 먼지만 쌓이는 녀석이 된다. 비용이 그렇게 많이 들지 않으니 미련 없이 버리자. 그러면 방 안도 깨끗해지고 조금이라도 더 공간을 얻을 수 있게 된다. 원룸에서는 그 작은 공간도 무시하지 말고 소중히 해야 한다.

　그렇기에 애초부터 본가에서 많은 양을 가지고 오겠다는 욕심을 버리는 것이 좋다. 하지만 이미 엎질러진 물이라면 바로 비우기를 시작해야 한다. 이미 방 안에 박스가 쌓여 있다면 바로 거기서부터 정리·정돈을 시작하자.

　모든 박스를 한 번에 다 열자. 그렇지 않으면 또 조금씩 하다가 중단해버리게 된다. 일을 저질러야 수습하고자 하게 되니 박스를 다 열어서 방 한가운데 박스 속에 있던 짐들을 모아 놓자. 그리고 박스를 하나만 놔두고 박스는 복도에 혹은 재활용하는 곳에 버리고 오자. 남은 박스 하나는 들고 온 녀석들 중에서 버릴 것이 있다면 함께 버리기 위함이니 하나 정도는 남겨 둬도 된다. 핵심은 모든 박스를 열고 내용물을 다 방 한가운데 꺼낸다는 것이다.

　그렇게 모든 박스를 다 꺼낸 다음에 지금 계절과 맞지 않는 옷가지들이 있다면 그것부터 제일 먼저 남은 한 박스에 넣어 두면 된다. 필요 없는 것들은 다 집어넣고, 남은 것들을 주어진 수납공간에 다 넣으면 된다.

혼자서 살기 때문에 외롭다는 이유로 반려동물을 들이는 경우가 주변에 참 많다. 지금까지 상담을 해 온 고객들 중 좁은 원룸에 사는데도 함께 살던 반려동물과 떨어지기 싫어 같이 지내거나 혹은 새롭게 입양을 해서 새로운 가정을 꾸리는 경우가 많았다. 개인적인 마음으로는 조금 더 넓은 투룸이나 그 이상에서 함께하기를 권유하고 싶지만 이미 데리고 온 아이들을 내칠 수는 없으니 함께 잘 살기 위해서 역시 정리·정돈이 필요하다.

대부분 이런 질문을 한다. "애들과 함께 사는 건 너무 좋은데, 집이 너무 좁아서 어떻게 해야 할지 모르겠어요. 도와주세요."라고 말을 한다. 방을 살펴보면 강아지일 경우와 고양이일 경우 다르지만 결국 사랑하는 만큼 그들을 위한 용품이 정말 많았다. 함께 있는 시간에 정리를 하면 다가와서 그들의 애교에 정리를 하다 마는 경우가 있기도 하고 어떨 때는 방해가 되는 경우가 있어 미워지는 경우도 있다고 했다.

결국 중심은 소유주 본인에게 있어야 하는데 사랑하고 아낀다는 이유로 반려동물에게 소유주의 삶을 다 양보하고 있다는 느낌이 들었다. 그래서 "본인이 더 행복해지고 싶다면 본인을 위한 공간을 만들고 난 후 자리를 양보해 주세요."라고 얘기를 해 드렸다.

먼저, 아이들을 호텔이나 지인에게 잠시 맡기고 없을 때 한 번에 진행을 하게 하였다. 그 후, 이제는 쓰지 않는 장난감들부터 과감하게 버리게 했다. 그리고 자리만 차지하는 듯한 큰 용품들을 다 분해해서 한쪽에 치우거나 그럴 공간도 없으면 버리게 했다.

이런 결정에 100% 모든 분이 당황해하고 결정을 망설이게 된다. 하지만 본인이 행복해지는 게 먼저라는 것을 알아야 한다는 말에 결정을 하고 비우게 된다. 결국 내 삶의 주인은 결국 '나'라는 것을 잊지 말자.

비우고 나서 시간이 지나 그분들에게 많은 연락이 왔다. 비우고 난 후의 변화가 있었냐고 물었더니 "그땐 사실 바로 후회를 할 줄 알았어요. 내가 나를 위해 아이들의 행복을 뺏는 것은 아닌지, 이기적인 선택은 아닌가 했어요. 하지만 이후에 방문을 열자마자 좁고 지저분해서 집에서도 스트레스가 생기고 회복을 못 하는 것보다 나았어요. 그리고 그런 부분이 해결되니까 새로 생기는 긍정적인 기운을 가지고 아이들에게 사랑을 나눠 줄 수 있게 되었어요. 왜 용품들이 아이들에게 더 행복함을 준다고 생각했는지, 그런 것들을 왜 진작에 비우지 못했고 나를 더 숨 막히게 했을까 하는 생각이 들었어요."라며 웃으며 피드백을 준다.

반려동물은 함께 생활하는 아이들이기에 정말 소중한 존재들이다. 하지만 '내가 행복하지 않은데 어떻게 아이들에게 사랑을 나눠 줄 수 있을까.' 생각하고 접근해야 한다. 중심을 나에게 둔다고 해서 결코 이기적인 방식이 아니다.

4. 정리·정돈만으로도 외롭거나 우울해지지 않는다

혼자 살다 보면 갑작스럽게 우울해지는 순간이 찾아온다. 누군가와 함께 살다가 좁은 방에서 혼자 있게 되니 '갇혀 있다', '외롭다', '좁다' 등 부정적인 단어가 내 머릿속을 가득 채우기 매우 쉬워진다. 대부분 내가 나약해진 상태에 있을 때 이런 생각들이 아주 쉽게 찾아온다. 그리고 한 번 찾아오면 계속해서 나에게 다가와 나를 더욱 약하게 만든다.

지인 중에 가족과 함께 살다가 이혼하고 혼자 살게 되면서 좁은 원룸에 갇혀 사는 것 같다고 우울증이 왔다면서 힘들어하며 상담을 요청한 이가 있었다. 나는 정신과 전문의가 아니지만, 그녀의 친구였으며 정리 전문가로서 그녀의 이야기를 들어 주고 그날 그녀의 방을 함께 치워 줬다.

그녀 역시 방에 버릴 것과 다시 수납해야 할 것이 원룸인데도 정말 많았다. 하지만 그녀는 이미 그런 것도 하기 힘들 정도로 쇠약해진 상태라 방치하며 살고 있었는데 문을 활짝 열고 버릴 것들은 버리고, 정리할 것들은 정리를 하였다. 넓어지고 깔끔해진 방을 다시 보더니 활짝 웃는 것이었다. 그러면서 이렇게 말했다. "와, 새집 같다."

버릴 때 그녀의 옛 추억들이 있는 물건을 과감하게 버리자고 조언했다. 그녀는 처음에 망설였다. 하지만 그렇게 보내 줄 건 보내 줘야 새로운 인연 혹은 새로운 기분을 맞이할 수 있을 것이라며 그녀에게 제안했다. 한참을 더 망설이더니 이내 결심을 한 듯 종량제 봉투에 옷가지, 속옷, 편지, 서류들을 막 담기 시작했다. 나는 그녀가 다시 꺼내지 못하도록 테이프를 꽁꽁 감아서 조금 거리가 먼 곳에 버리고 왔다.

며칠 후에 그녀에게 전화가 왔다. 기분이 요즘 너무 좋다며 좋은 소식을 내게 건네줬다. 그러면서 정리의 효과에 대해서 말해 주었다.

"네가 나한테 말한 대로 저녁에 우울증이 오면 정리를 하기 시작했어. 문을 활짝 모두 열고 정리할 것들을 다 하고 청소도 끝마쳤더니 땀이 나더라? 그러니 샤워를 해야겠지? 샤워하고 나와서 물을 한 잔 마셨더니 정말 상쾌함이 나와 내 방을 감싸는 것 같았어. 그리고 저녁에 우울할 틈도 없이 평소보다 일찍 잠을 자게 되니까 다음 날을 기분 좋게 맞이하게 되는 거야."

기분 좋은 피드백이었다. 내가 해 줄 수 있는 게 없어 내심 미안함을 느끼고 있었던 터라 걱정이 많이 되었는데 함께했던 시간이 그녀에게 변화를 이끌어 주었다. 정리·정돈을 한다는 것은 몸을 움직여야 한다는 것과 같다. 그렇게 그녀는 자기 몸을 움직이면서 살아 있음을 느꼈다고 한다. 그리고 깔끔해진 방에서 미련, 슬픔이 떠오르는 물건들을 치웠더니 자신을 아프게 하는 족쇄가 사라진 듯한 느낌을 받았다고 한다.

이번에는 지인이 아닌 다이어트 실패로 새로운 다이어트를 시작하기 전에 정리부터 제대로 해 보겠다며 찾아온 고객의 사례도 있었다. 그녀는 1년에 한 번 쭉 뺐다가 요요가 오기를 매 10년간 반복해 왔다고 한다. 그리고 요요가 오는 이유 중 하나로 혼자 살면서 허하고 외로우니 먹을 것을 찾게 되는 것 같다고 했다. 너무 오랜 다이어트 실패로 그녀는 우울증이 왔고 그래서 이번에 정리를 하면서 새로운 마음가짐을 갖고 다시 시작하고 싶다고 찾아왔다.

아니나 다를까. 그녀의 방에는 그녀를 힘들게 하는 것들이 많았다. 그녀가 날씬해졌을 때 입으려고 사둔 예쁜 원피스, 아우터, 청바지 등이 방에 들어가자마자 보이는 장롱 밖 옷걸이에 걸려 있었고, 좁은 방에 있는 실내 자전거는 옷걸이로 방치해 둔 채로 공간을 차지하고 있었으며, 기존에 배달 앱으로 시켜 먹었던 음식의 잔해부터 포장 용기들이 방구석에 있었다.

165cm에 82kg 정도 되는 그녀는 사실 심각한 고도비만이었고 보기만 해도 건강이 걱정될 정도였다. 예쁜 옷들은 대체 왜 저기 장롱 밖에 걸어 두었냐고 물었더니 "다이어트 성공해서 입으려고 자극제 겸 저렇게 두었어요."라며 답을 했다. 다시 저렇게 걸어 둔 기간을 물어봤더니 옷을 교체하면서 걸어 둔 지 1년이 넘었다고 했다. 저렇게 해 두면서 살이 빠지는 효과를 본 적이 있다며 미신 같은 거라며 말이다.

모든 날씬한 옷을 다 박스에 담았다. 그리고 본가에 보내자고 하였다.

그녀는 부적이 사라지는 것 같다며 반대했다. "고객님, 이거 본다고 살 안 빠져요. 미련만 생겨서 당신을 아프게 하는 셀프 채찍질이 될 거예요. 먼저 당신을 인정하고, 당신을 아프게 하는 것들부터 없애는 게 좋겠어요. 그래야 부정적인 마음이 사라질 거고, 새로운 출발을 하는 데 분명 도움이 될 거예요." 그녀는 마지못해 고개를 끄덕이며 함께 박스에 옷들을 담았다.

문제는 좁은 공간에 있는 저 자전거였다. 접이식 자전거도 아니어서 정말로 공간을 너무나도 차지하며 제 기능을 못 하고 있는 것이었다. "저 자전거는 얼마나 탄 거예요?"라고 물었는데 대답을 하지 않았다. 수줍게 웃으면서 대답을 피하고 부끄러워했다. 몇 번 타 보지 않고 2년째 방치한 것이었다. 그래서 그녀에게 중고 시장에 팔기를 권장했다. 다행히 그날 바로 자전거를 저렴하게 판매했다.

마지막으로 남은 음식물과 포장 용기들 그리고 먹다 남긴 다이어트 보조제들 역시 그녀의 방에서 비워 버렸다. 처음 들어왔을 때보다 공간도 넓어지고 환해졌다는 느낌을 받았다. 그녀도 나에게 새로운 인생을 살 수 있을 것 같다며 기분 좋게 인사했다.

그녀에게 가끔 연락이 왔다. 살도 전보다 오히려 더 잘 빠지고 있고 밤에 우울한 것도 덜 찾아와서 눈물도 적게 흘린다며 말이다. 매번 밤마다 우울해서 폭식에 시달려 먹다가 화장실에 가서 게워 내고 했다면서 고백을 했는데 이제 울지도 않고 폭식도 거의 하지 않는다고 했다. 자기가 믿고 있던 방식과 생활해 왔던 패턴을 바꾸고 정리·정돈을 하기 위해 창문을 다 열고 움직이니 새로운 기운이 방에 찾아오는 것 같다고 했다. 그리고 살을 빼기 위해 실내 자전거가 아닌 밖에 나가서 바람도 쐬고 오니 기분도 상쾌하고 덜 우울하다고 행복해지고 있다고 연락이 왔다.

그렇게 몇 번 더 연락이 오다가 이제는 연락이 오지 않았다. 다만 SNS 프로필 사진에 날씬해져 있는 그녀를 보고 다행히 나의 도움이 더 필요하지 않다는 것을 알게 되었다. 내가 도와준 정리가 그녀를 날씬하게 만들었다고 생각하지 않는다. 다이어트 성공은 오로지 그녀의 노력으로 인해 만들어진 것이기 때문이다. 하지만 정리·정돈이 공간의 변화와 기운을 불어넣어 줌으로써 그녀의 마음이 좋은 쪽으로 변한 것은 확실하다.

5. 정리·정돈 Day를 설정하자

요즘 청소의 날이 있거나 아침 시작 전에 정리·정돈부터 하고 과업을 시작하는 회사가 부쩍 늘었다. 그리고 거주지마다 분리수거의 날이라고 지정해, 주변 정리 효율을 높이고 있다. 이처럼 정리·정돈의 효과를 기업에서도 인지하고 요일까지 지정해서 실행할 만큼 중요한 과업이 되었다. 기업에서는 정리·정돈만 잘하더라도 소비재들을 절약하는 효과를 톡톡히 보고 있으며 깨끗한 환경에서 높은 질의 업무 효율이 나온다는 것을 매우 잘 알고 있다.

작은 원룸이지만 여기에도 정리·정돈의 날을 정할 필요가 있다. 한 번에 정리·정돈을 제대로 해 둔다면 이사 후 정리 때처럼 고생할 필요가 없으니 겁부터 먹지 말자. 넓은 공간에 있을 때보다 사실 좁은 공간에서 생활할 때가 어지러워지기 더 쉬우므로 최소 2주에 한 번은 정리·정돈의 날로 정해 공간을 리프레시(Refresh)할 수 있도록 하자.

한번 정리를 하고 나면 한동안은 정리를 크게 할 필요가 없으니 그날만큼은 약속을 미루고 나를 위해서 공간을 깔끔하게 할 수 있도록 하자. 비우면서 새롭게 나에게 돌아오는 것이 있다는 것은 확실하다. 하지만 비운다고 전부 해결이 되는 것은 아니다. 물론 비움으로 인해서 좋은 점도 너무나도 많지만 비울 때 기준을 확실히 정해 두어야 한다. 그래야 실수를 방지할 수 있다. 비움의 기준은 위의 내용을 참고해서 나만의 기준을 만드는 것이 좋다.

혼자 살게 되면 자기 통제력을 잃게 되기 쉽고, 우유부단해지며 그로 인해 폭식, 우울증 등의 부작용이 생기기 정말 쉽다. 하지만 정리·정돈을 하면서 이러한 점을 방지할 수 있고 자제력, 결단력, 책임감 등을 키우면서 자기 자신을 관리하는 능력을 키울 수 있다. 한 달에 최소 2일은 나를 위한 날로 정해서 정리·정돈을 하기를 적극적으로 권한다.

3부.

상황 진단 솔루션 2:
2~3인 가구의 경우

1. 누구에게나 항상 덜어 낼 짐은 존재한다

1) 배우자 편

2명이 살든 혹은 자녀가 생겨 3~4명이 살게 되든 일생을 다른 환경에서 살다가 배우자가 생기고 새로운 식구가 늘어나면 각자가 살아왔던 추억이 담긴 물건에서부터 필요한 짐들이 한곳으로 모이게 된다. 공간은 한정적이기 때문에 모든 짐을 그대로 옮겨 버리게 되면 공간이 남아나질 않게 된다. 이때도 처음에 짐이 들어올 때 최소화해서 들고 올 수 있도록 하여 조금씩 필요할 때 늘리는 방법이 진행되면 좋다.

하지만 이미 합쳐진 이후라도 방법은 있다. 이 방법에 대해서 다른 책에서는 버리는 것을 가족에게 보여 주지 말고 먼저 말하지도 말라고 한다. 하지만 현실적으로 그 사람에게 당장 필요한지 아닌지 내가 어떻게 결정할 수 있을까? 현실적으로 말이 안 되는 방법이고, 이런 행동은 이기적이고 독단적인 행동에 지나지 않는다.

그래서 반드시 설득을 해야 한다. 정리·정돈에 대해서 장점이 무엇인지 그리고 효용이 없는 것과 오래된 것들 등을 비워 내기를 실행할 때 기준과 그에 대한 효과, 또 결단을 한 후에 다가올 변화를 기대하게 만들어야 한다. 그렇게 함께 사는 동거인으로부터 동의를 이끌어 낸 후 비우기를 함께 실행하자.

　그리고 동거인과 위에서 배웠던 것처럼 한 공간씩 먼저 비우기를 실행하자. 똑같이 물건은 다 빼내야 한다. 그리고 동거인의 물건은 버릴지 말지 선택할 권한을 본인에게 주고 버릴 것을 선택한 물건은 바로 봉투에 담아서 미련 없이 상대방이 버릴 수 있게 해 줘야 한다.

　이제 처음에 버릴까 말까를 선택하는 과정에서 상대방이 망설였던 것들을 다시 한쪽으로 옮겨 모은다. 그리고 이야기를 성의껏 나누며 다시 한번 결정을 할 수 있게끔 옆에서 도와줘야 한다. 그리고 다시 한번 더 2차 비우기를 시작한다. 지금부터가 어려운 3단계에 접어들게 되는데 여기서부터는 당신이 함께 생활해 왔던 기간과 그동안의 경험을 살려서 한 번도 사용하지 않았던 그리고 가치가 없어 보이는 것들을 먼저 제시해서 버릴 수 있게 해 줘야 한다.

　마지막으로 당신이 보기에 전혀 가치가 없어 보이는데 상대방에겐 추억이 서려 결정하기가 쉽지 않다고 하는 물건들은 공간이 허락하지 않을 때는 본가에 보낼 수 있게 해야 한다. 그리고 6개월 이내에 다시 쓰지 않을 것들은 그때 버리도록 약속을 이끌어 낸다. 물론 졸업 사진, 가족과의 추억이 담긴 또 당신과 했던 편지들, 이런 물건들을 절대 버려서는 안 된다. 추억은 정말로 소중하고 사람이란 추억을 먹고 살아가는 존재이기에 함부로 버려선 안 되지만 그 외의 것들은 과감하게 결정해서 공간을 확보하도록 하자.

배우자보다 어려운 것은 당연히 자녀들과 정리를 해야 할 때이다. 자식 이기는 부모가 없다고 아이들의 방을 함부로 건드리다 아주 큰일이 나는 경우가 종종 있다. 고객 중에 아이들의 방을 치울 때만큼 힘들 때가 없다고 토로하는 분들이 있었다.

"대체 왜 그 물건을 버렸는데, 곧 쓰려고 했는데 왜?"라며 자신의 소중한 물건을 버렸다고 온갖 역정을 부모에게 낸다. 부모가 볼 땐 한 번도 쓴 적도 없고 저런 걸 왜 쓰나 싶을 정도의 필요 없는 물건이 가득한데 그렇게 소중하다고 한다. 이런 반응들은 사춘기일 때 더욱 극심해져서 방에 들어가는 것도 무섭다고 한다.

이렇게 정리를 안 하는 아이들은 3가지로 분류된다.

독립형: 제가 다 알아서 한다고요.

회피형: ○○만 끝내고 할게요. 급한 거예요.

핑계형: 이거 친구가 줘서 안 돼요.

이유가 어찌 되었든 위의 3가지에 속하는 아이들은 결국 정리·정돈을 하지 않는다. 결국 청소를 하는 사람만 힘든 입장이 유지될 뿐이다. 하지만 반드시 해내야 내가 산다. 그래서 청소를 하게 하는 방법을 찾아야 하는데 아래의 방법을 추천한다.

첫 번째, 아이가 좋아하는 보상을 제공해 준다. 평소 정말로 좋아하던 음식이나 소액으로 해결할 수 있는 것이어야 한다. 정리·정돈을 하면 즐거움이 생긴다는 것을 인지시켜 주면 조금은 즐거운 일로 생각할 수 있게 된다.

두 번째, 엄마가 먼지 알레르기가 생겨서 여기 들어올 때마다 아프다며 호소를 한번 해 본다. 그러면서 같이 도와줄 테니 하자고 하면 귀찮아는 할지라도 하지 않는 아이들은 없다.

세 번째, 집에 정말 중요한 손님이 온다고 하자. 혹은 더 큰 집으로 가기 위해 집을 내놓았는데 방을 보고 집이 안 나간다며 반드시 해야 할 이유를 만들자. 아이도 '정말 중요한 분이 오니까 하긴 해야지.'라고 생각하며 행동에 나서게 될 것이다. 그리고 아이가 일과 후에 돌아오면 정말 방이 깨끗하다며 칭찬을 받았다고 맛있는 외식을 하자고 하는 것은 어떨까? 물론 손님이 온 적이 없으니 칭찬을 받았을 리는 없지만 칭찬을 싫어하는 사람은 없으니까 말이다.

아이를 움직이게 할 수 있는 방법은 주변에서 찾기 쉽다. 커뮤니티 모임이나 전문 컨설턴트 혹은 교육 자료를 통해서 움직일 방법을 함께 찾아보면 된다. 단 한 가지 방법만으로는 계속해서 움직일 수 없으니 다양한 좋은 방법을 그리고 상황에 맞는 방법을 진행하는 것이 옳다. 그렇게 적절한 보상을 함께 제공함으로써 정리·정돈이란 것이 기분 좋은 일이라는 인식을 주게 하며 점차 습관으로 만들어 가 보도록 하자.

2. 아이에게 모든 공간을 다 양보하지 마라

여성분들이 가장 많이 하는 SNS를 보면 아이를 낳고 난 후에는 모든 그녀의 피드 공간이 아이들의 사진으로 바뀌게 된다. 육아스타그램이라는 해시태그를 쓰면서 그녀의 공간은 아이의 공간으로 모두 바뀌게 되는 경우가 참 많다. 또 ○○ 엄마라고 불리면서 '김○○'에서 '○○의 엄마'로 이름마저 바뀌게 된다.

이렇듯 집도 아이들 공간으로 바뀌게 된다. 많은 고객이 찾아와서 아이를 낳고 난 후에 모든 공간이 왜 이렇게 좁은지 모르겠다며 공간이 없는 것도 아닌데 전과 달리 관리하기가 무척이나 힘들어졌다고 하소연을 한다. 집을 방문해 보면 모든 방과 거실에 아이들과 관련된 용품이 깔려 있고 그녀와 그녀의 남편이 쉴 곳마저 바뀌어 있다.

자신만을 위한 공간을 잃어버린 채 살게 되니 당연히 찾아오게 되는 수순이었고 오래 방치하는 모습을 보니 정말 숨이 막혀 버릴 듯 안타까웠다. 더욱 안타까운 것은 모두에게 육아란 쉽지 않고 아이를 키우면서 수면도 제대로 취하기 힘들기 때문에 피로는 더해지는데 쉴 공간은 사라지니 악순환이 계속될 수밖에 없다는 것이었다.

솔루션은 '기준 세우기'였다. 부부의 공간에 아이들이 들어오지 못하게 만들었다. 정말로 출입이 불가능한 것이 아니라 아이들의 물건과 짐들이 단 하나도 들어오지 못하도록 하는 것이다. 아이들의 방을 정해서 모든 물건과 짐을 정리하고 놓아두는 곳을 선정하고 시간이 지난 이후에는 그곳에 다 정리하게 했다.

갓난아기의 기저귀부터 옷가지들 모두 아이들의 방에서 가져오게 했고, 거실에 그런 짐들을 전혀 두지 못하게 했다. 적용이 어렵다면 취침 시간에도 부부의 방에 아이들의 침대를 가져오지 못하게 하고 차라리 아이들의 방에서 잠을 같이 자게 했다. 그래서 정말로 휴식이 필요할 때는 부부의 방에서 휴식을 취할 수 있게 하였다.

아이가 나이가 조금 들고 말을 이해할 때는 저녁 8~9시 이후에는 모든 물건을 아이들의 방에 구역을 정해서 그곳에서 정리·정돈하도록 습관을 만들게 하였다.

거실과 부부의 방에 아이들의 물건을 없애는 게 제일 먼저였다. 변화의 결과는 놀라웠다. 아이들에 방에서 잠을 자라는 말에 놀라던 부부가 그렇게 방을 옮기고 나서 생각보다 힘들지 않았고 친정에서 혹은 친구들이나 남편이 시간이 될 때 본인의 방에 가서 눈을 붙이고 나니 피로가 정말 많이 풀려 예민한 부분도 같이 해결되었다고 했다. 또한 거실에서 아이들의 용품이 모든 시간 점령하는 것을 막고 나니 집이 다시 넓어지고 모든 것을 양보할 때와 다르게 말 그대로 '같이 산다'라는 느낌이 들었다고 했다.

부엌에서도 마찬가지였다. 수납공간을 새로 만드는 것 혹은 구매하는 것을 별로 추천하지 않는데 아이들의 용품만 놔둘 수 있는 수납공간이 없다면 구매하여 젖병 같은 아이들의 모든 용품을 그곳에만 보관할 수 있게 하였다.

정리·정돈의 날도 반드시 진행되어야 한다는 것을 잊지 말아야 한다. 육아로 지친다고 해서 이 부분을 놓아 버리면 정말로 걷잡을 수 없는 늪에 빠지게 된다. 처음에 혼자서 다 하기 힘들다면 가족이나 지인들 혹은 정 방법이 안 된다면 일일 보육교사를 불러 육아는 잠시 내려놓자. 처음 한 번만 제대로 하고 나면 이후에는 조금씩만 해도 유지가 가능하다. 그러니 힘들더라도 정리·정돈의 날을 실행해서 집 안에 마이너스 기운이 쌓이는 것들을 막고 깔끔함과 함께 좋은 기운이 들어올 수 있도록 하자.

잊지 말아야 할 것은 아이도 중요하지만 나도 중요하다는 것이다. 아이를 기르기 위해서 함께 산다는 것을 잊지 말고 모든 공간을 아이들을 위한 공간으로 변화시키지 말자. 아이들은 아직 작아서 생각보다 그렇게 많은 공간이 주어질 필요가 없다. 그러니 나만의 공간은 반드시 확보하고 일정 시간이 지나면 모든 것이 원위치로 돌아갈 수 있게끔 하면 된다. 그게 아이와 부모가 함께 사는 올바른 방법이다.

3. 숨기는 게 답이 아니라 정리하는 게 답이다

집에 지인이나 손님이 방문하는 경우가 있다. 특히나 신혼부부일수록 집들이라는 이유로 많은 손님이 방문한다. 시댁, 친정, 친구 혹은 회사 동료들 등 정말 많은 손님이 찾아오기 쉽다. 하지만 집에 공간이 부족해 보여서 일단은 공간을 깔끔하게 보이기 위해 옆에 있는 장롱 속으로 모든 짐을 쑤셔 넣는다.

하지만 이렇게 쑤셔 넣어진 짐은 목적을 달성하고 손님이 돌아가면 꾹 눌러진 스프링이 늘어나듯 '띠용' 하고 밖으로 튀어나온다. 이렇게 되면 기존에 정리가 안 되어 있던 상태보다 훨씬 더 심각해지는 경우가 많다. '이걸 다 언제 정리해?'라며 정신적으로 스트레스도 기존보다 더 받게 되는 경우가 많다.

이럴 때가 진짜로 당신의 공간에 짐들이 많다고 적신호를 보내는 시기이다. 일단 당신이 스트레스를 받았던 큰 물건들부터 비우기를 시작하면 된다. 중요하다고 생각했던 물건은 항상 제자리를 지키고 있기에 위치는 거의 동일하다. 하지만 이렇게 손님이 올 때마다 쑤셔 넣는다면, 사실 필요 없는 물건인 경우가 많다.

그러니 이런 순간에 쑤셔 넣은 물건들을 기억해서 먼저 큰 것들부터 비워 보자. 스트레스가 심했을 때 오히려 비우기 결정을 쉽게 할 수 있는 장점도 있다. 그러니 너무 스트레스를 받지 말고 이런 스트레스를 이용해 보는 것도 좋다. 스트레스를 이용하는 것만큼 효과가 좋은 방법은 없다. 스트레스는 사라지며 내 단점을 고칠 수 있으니까 말이다.

그리고 손님이 왔을 때 막상 버리기는 아쉽지만 공간을 차지하는 것들을 "내가 ○○할 때 썼던 건데 너한테 주면 좋을 것 같아서."라고 말하며 선물로 건네어 주는 것도 좋다. 단, 그 사람이 이것에 대해서 관심이 있어야 하고 또한 누가 봐도 다시 사용하기 별로인 물건은 줘서는 안 된다. 당신이 싫어하는 물건은 그 사람도 안다. 그러니 무조건 버려야 하는 물건이 아니라 애매한 물건을 이런 식으로 정리하는 것도 한 가지 방법이다.

돈도 들지 않고 공간도 정리하고 관계 쌓기에도 이만큼 좋은 것이 없다. 다시 말하지만 그 사람이 관심이 있는 것일수록 좋다.

고객 중에 이런 분이 있었다. "남편이 좋아하는 물건인데 자리만 차지하는 물건이 있었어요. 막상 사용은 하지도 않으면서 말이죠. 그래서 손님이 왔을 때 남편 앞에서 '이거 우리 안 쓰는데 여기 ○○가 좋아하는 거 같은데 줘도 될까?'라고 물어보니 남편은 마지못해 고개를 끄덕였죠. 당장 그날은 저한테 원망하거나 입을 삐죽 내미는 경우도 있었어요. 하지만 이틀 정도 후에 그것을 받아 간 친구가 정말 좋아한다면서 인증 사진을 보내왔다고 보여 주니 그 물건에 대한 자부심을 갖고 자랑을 하면서 건네준 것에 대해 기분 좋게 생각하더라고요."

선물을 싫어하는 사람은 없다. 관계 개선에 이만큼 좋은 방법도 없다. 정리·정돈을 할 때 선물을 할 수 있는 것들을 찾아서 조금씩 선물을 해 보는 것도 좋은 방법이다. 이렇듯 마냥 숨기는 것보다 꺼내서 의미가 있는 쪽으로 활용해 보면 좋겠다.

이렇게 함으로써 손님이 방문할 때마다 스트레스가 쌓이는 게 아니라, 매번 손님들이 올 때마다 조금씩 비워 내는 것이 가능해진다. 공간이 넓어지게 되면서 당신의 스트레스 역시 사라질 수 있게 된다. 공간이 살아 숨 쉬기 위해서 숨기는 것만이 답은 아니라는 것을 잊지 말자. 공간이 부족하다면 일단 비워 내고 그 후에 다시 공간을 재사용하자.

4. 옷방에 대한 로망? 비우는 게 먼저다

여성이라면 혹은 옷에 관심이 많은 사람이라면 자기 집이 생기면 꼭 갖고 싶은 것 중 하나가 바로 옷방이다. 영화와 드라마에서 문을 열면 '촤라락' 펼쳐지는 옷방 그리고 그 속에 가지런히 'ㄷ' 자 모양으로 각각의 목적과 타입에 맞게 정리·정돈되어 있는 옷방을 누구나 다 머릿속에서 가지기를 원할 것이다. 하지만 현실에선 이러한 옷방을 갖는다는 것 자체가 쉽지는 않다. 특히나 자녀들이 생긴다면 현실적으로는 공간이 부족해 포기하는 경우가 많다.

다행인 점은 요즘 아파트에 소형 옷방을 꾸밀 수 있는 공간이 나온다는 점과 자녀를 1명만 낳고 살아가는 부부들이 늘어나서 방 한 개 정도는 여유 공간이 생기는 편이라는 것이다. 그래서 여유 공간을 옷방으로 꾸며 어릴 때 가졌던 로망을 실현하는 가족들도 많다.

옷방으로 쓸 공간은 그렇게 넓지 않아도 된다. 그러나 공간을 재구성하기 위해서는 그 방에 있는 모든 것을 새롭게 초기화해서 다시 재창조하는 것이 좋다. 창고처럼 쓰고 있었던 곳이라면 더욱 좋다. 그동안 묵혀 뒀던 것들을 꺼내 버리면서 공간을 확보하자. 당신이 그토록 가지고 싶었던 옷방을 만들려는 선택에 망설임을 갖지 말자.

또한 옷방의 옷들을 보기 쉽게 나열하면서 옷을 주기적으로 정리·정돈하게 되면 내가 무슨 종류의 옷이 있는지 알게 되어 똑같은 종류의 옷들을 또 구매하는 실수를 막게 된다. 사람은 각자 좋아하는 취향의 옷을 계속 구매하는 실수를 하기 쉽다. 특히 충동구매로 말이다. 하지만 이때 집에 있는 옷방의 문을 열어서 옷들을 한 번 체크하다 보면 그런 부분을 막을 수 있어 절약도 하게 된다. 그럼 이제 옷방을 꾸미는 것을 시작해 보자.

요즘 DIY(DO IT YOURSELF, 직접 하기) 용품들이 정말 잘 나오는 편이다. 특히나 인테리어 용품은 구할 곳도 많고 종류도 다양하게 잘 나와서 공간과 원하는 타입에 맞게 고르면 된다. 게다가 요즘은 세상이 정말 좋아져서 옷방을 만들 때 비싸게 붙박이장을 만들 필요 없이 조금만 노력한다면 셀프로 붙박이장 같은 효과를 줄 수 있는 공간을 만들 수 있다. 따라 하기 쉬운 유튜브 영상들이 많으니까 참고하면 좋을 듯하다.

다만 무분별한 수납공간을 만들 경우 오히려 전보다 못한 창고가 될 확률이 높다. 또한 수납공간별로 이름을 붙이는 경우가 있는데 상상해 보자. 모든 수납하는 곳마다 이름이 붙어 있으면 매번 목적이 바뀔 때마다 이름을 다시 붙여야 하고, 한 번이라도 귀찮아지면 그 이름표가 당신의 수고를 더하게 해 주는 족쇄가 될 것이다. 그러니 이름표는 붙이지 말도록 하자.

　옷방은 당신의 옷들이 예쁘게 걸어질 행거가 위주가 되고 또한 그것들이 문을 열었을 때 가장 잘 보이는 형태일 것이다. 한쪽에는 나의 옷들을 걸고 또 다른 쪽에는 배우자의 옷을 걸 수 있도록 구성하되, 겨울옷이나 정장 같은 옷들은 부피가 크고 세트로 두어야 하는 경우가 많기 때문에 한쪽 구석에 걸어 두면 좋다.

　　행거에 옷을 걸 때는 각 칸마다 옷을 구별해서 정리하자. 밑 칸에는 바지를 걸고, 위 칸에는 윗옷들을 거는 게 좋다. 바지 종류를 걸 때는 한쪽이 뚫려 있는 옷걸이를 사용하면 바지를 거는 시간을 줄일 수 있으며 편하게 힘을 덜 들이고 옷을 걸 수 있는 장점이 있다. 여유가 되면 소량의 옷걸이만 사서 본인에게 맞는지 테스트를 해 보길 권한다. 옷걸이에 옷을 걸고 하는 행위가 생각보다 힘이 많이 들 수 있기에 이런 아이디어 제품을 사용하면 힘을 덜 들일 수 있다. '힘이 들어서 나중에 할래.'라는 변명을 지울 수 있어 꾸준히 할 수 있게 해 주는 좋은 장점도 있으니 한 번쯤은 활용해 보길 바란다.

또한 옷걸이에 최대한 옷을 빽빽하게 걸지 않도록 하자. 옷이 빼곡히 걸려 있는 것만큼 보기 불편하고 지저분한 것은 없다.

전에 말했던 것처럼 개수가 많은 티셔츠 종류는 직사각형으로 접어서 세워서 수납하기가 좋다. 박스들이 있다면 활용하기를 추천한다.

그리고 위아래 세트인 옷의 경우 한 옷걸이에 걸어 두자. 그날의 코디를 세트로 진행할 때 다른 곳에서 찾는다고 시간 낭비를 할 필요가 없다. 이런 옷들을 걸 때는 옷걸이가 단단하고 수납하기 편하게 밑이 일자인 옷걸이를 추천한다. 옷걸이가 축 늘어져서 옷을 제대로 걸 수 없는 상태가 되면 옷이 망가지기 쉬우며 보기에도 좋지 않다. 그래서 옷걸이 상태가 좋지 않은 것은 빠르게 버리고 형태가 변하지 않는 재질의 옷걸이를 이용하길 추천한다.

꾸미기가 다 완료되었고 옷방을 이미 사용한 지 꽤 되었을 때 정리하는 꿀팁이 있다면 옷장의 선반들 중 제일 위에 있는 선반부터 먼저 정리하자. 어려운 것부터 먼저 하지 않으면 에너지를 다 소모하고 나중에 하기가 힘들다.

5. 사랑하는 아이들을 위한 아이 방 정리 수납 노하우

위에서도 말했지만 나 자신을 사랑하기 위해 모든 공간을 아이들을 위해 내어 주지 말라고 했다. 하지만 아이들이 자기 공간을 침범당한다고 생각하면 극성으로 달려드는 경우도 많아서 힘들 때가 많다. 찾아온 고객 중에 이렇게 토로한 분이 있었다.

"아이 방을 정리하려고 하는데 정말 막막해요. 어떻게 해야 할지 하나도 모르겠어요. 치워 두면 금세 어지럽히고, 다시 치우면 또 원상태로 돌아오는 게 몇 분도 걸리지 않아요. 그렇다고 그냥 두자니 지저분해서 보기는 싫고요. 아이들이 TV나 휴대폰 보는 것보다 장난감을 가지고 노는 걸 좋아해서 장난감들을 사 준 거였는데 방이 지저분하니 아이들이 아이 방에 더 들어가지도 않는 것 같고, 어떻게 해야 할지 모르겠어요. 제배 아파서 낳은 아이들이 미워지려고 할 지경이에요. 진짜 제발 도와주세요."

주부들의 업무이자 가장 어려운 일이 육아이다. 특히나 엄마에겐 아이들만큼 중요하고 걱정되고 신경 쓰이는 일이 없다. 그렇게 사랑하는 아이가 미워 보인다고 할 지경이니 얼마나 힘든지 한 번에 알 수 있는 부분이다. 하지만 어느 곳에서나 답은 있으니까 걱정하지 말자.

아이의 물품들이 아이 방에서 정리되어 있지 않으면 부모가 매번 찾아 줘야 하니 그것도 여간 힘든 일이 아니고, 아이의 올바른 성격 양성에도 좋지 않을 수 있다. 반면 꼼꼼하게 정리가 잘 되어 있으면 아이가 물건이 어디에 있는지 바로 찾을 수 있어서 좋은 습관을 보고 배울 수 있다. 부모의 모든 행동이 아이들에게 반영이 되니 정말 중요하다.

1) 부피가 크고 무거운 책부터

'아이들을 책 읽는 아이로 만들어야지.'라는 목표는 어느 누구나 가지고 있는 목표이다. 하지만 사 두고 오랜 기간 읽지 않았던 책들이 아이들 방에 쌓여 있다. '언젠가 읽겠지. 나중에 읽을 거야.'라는 기대감과 포기 못 하는 욕심 때문에 공간은 공간대로 차지하고 옮기기에는 또 무거운 꽤 버거운 짐으로 남아 있다.

그나마 무게가 적게 나가는 학습지도 마찬가지다. 기존에 했던 것들을 다시 볼 일은 사실상 없다. 교육 자체가 앞으로 나아가기 위해서 그다음 것들을 배우는 일이 대부분이므로 시간이 조금 지난 학습지들은 바로 버릴 수 있도록 하자. 그리고 그때 배운 것들은 아이의 부모님들이 상식적으로 쉽게 가르칠 수 있는 부분이 많기 때문에 없어졌다고 해서 아이들을 교육하는 데 전혀 문제가 없다.

이제 그 녀석들을 보내 줄 때가 되었다. 당신의 욕심과 함께 보내 주자. 그냥 집 밖에 내버리는 것보다는 보육원이나 책을 읽을 아이들이 있는 곳에 기부를 하자. 그렇게 함으로써 그냥 버렸다는 생각보다 물려주는 느낌이 되니 마음 한편으로 아쉬운 마음을 떨칠 수도 있고 뿌듯함도 느낄 수 있다. 책이 빠져나간 공간에 이제 아이들의 장난감을 정리해 보자.

2) 아이들 장난감 정리하기

먼저 아이가 둘이라면 각자의 물건에 따라 구분해서 두면 좋다. 앞서 옷방에서 본인과 배우자의 위치를 나눈 것처럼 말이다. 각자의 위치를 나누는 것은 서로에게 각자의 공간이라는 의미를 부여해 줌으로써 그 공간에 책임감을 가질 수 있게 해 주는 효과도 있다. 그리고 같은 공간에 두면 "내 거야. 아니야, 이건 내 거야." 이렇게 싸우는 일도 방지할 수 있으니 좋다.

일단 정리·정돈의 대원칙에 맞게 모든 물품을 다 꺼내고 아이들과 함께 정리·정돈을 해야 한다. 아이들에게 가장 먼저 선택권을 준다. 어떤 것들이 필요가 없는지 버려도 되는 것들이 무엇인지 물어보고 그것들을 가장 먼저 버린다. 그러고 나서 한동안 사용하는 것을 보지 못했거나 오래된 것들 역시 비워서 공간을 더 확보하자.

그리고 고장이 났던 것들이 있으면 수리를 하자. 그러나 수리가 불가능하여 집에 보관을 하고 있는 것이 있다면 그것도 비우는 게 좋다. 부서졌지만 없어서는 안 되는 정말 중요한 물건이 아니라면 가지고 있을 필요가 없다. 물건을 못 쓰게 된 그 당시에는 아이가 정말 슬퍼하며 눈물을 보일 수가 있으니 잠시 두고 지켜보자. 그리고 한동안 사용하지 않는다면 공간을 차지하는 것을 허락하지 말고 비워 아이들이 좋아하는 것들이 잘 보일 수 있도록 하자.

자, 이제 비워진 공간에 다시 재배치를 시작하면 되는데 아이들의 사용 빈도가 가장 높거나 제일 좋아하는 것들을 앞쪽에 제일 잘 보이게 배치하자. 마치 옷 가게에서 그 달의 핵심 상품이나 제일 인기 있는 상품들을 쇼윈도에 전시하는 것과 같이 말이다.

이렇게 함으로써 아이들이 매번 자기가 좋아하는 장난감의 위치가 어디 있는지 알고, 부모가 찾아 주는 일도 줄일 수 있다. 그리고 정리되어 있는 곳에 다시 둘 수 있게 교육도 되니 일석이조의 효과가 있다. 아이들의 시선에 맞춰 잘 보이는 곳에 두도록 하자. 그리고 2순위인 것들은 앞 열에 있는 물건 뒤에 정리해서 역시 아이들이 사용하기 쉽게 하면 된다.

그리고 1~2순위가 아닌 담아서 보관해야 할 것들은 투명한 통에 담아 두자. 이름표를 붙이지 않아도 되고 아이들도 바로 알아볼 수 있어 좋다. 이것 역시 부모들의 수고로움을 덜어 주며 아이들이 못 찾아서 부모가 찾을 때도 쉽게 찾을 수 있다.

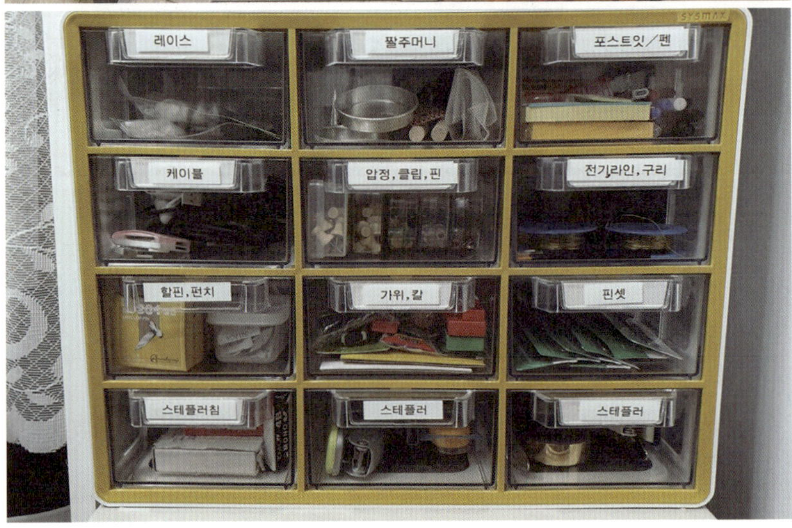

　마지막으로 남자아이들이 좋아하는 장난감 중에 자동차나 로봇 같은 용품들은 형태의 변화가 가능한 것들이 있다. 이런 제품들은 최대한 부피를 줄일 수 있는 상태로 변신시킨 다음에 진열하거나 종류가 비슷한 것들을 담아 둔 통에 보관하면 된다. 그리고 여자아이들이 자주 쓰는 바비 인형, 인형 집 같은 제품들은 한 세트를 한 통에 혹은 집 안에 다 넣어서 보관하면 최대한 부피를 줄일 수 있고 잊어버리지 않고 쓸 수 있다.

4부.

공간별 정리·정돈, 이것만 알면 끝!
절대 비법 대공개

드디어 실전 편에 들어왔다. 이번 4부에서는 앞에서 말했던 것들을 시각적으로 자료를 제시하면서 당신의 정리에 도움이 될 수 있도록 꿀팁들을 꾹꾹 눌러 담았다. 모든 것을 따라 할 필요 없이 지금 이 책을 보는 독자들의 상황에 맞게 잘 적용하면 된다. 당신이 하고 있는 방법과 다른 부분이 있다면 당신의 공간 상황과 여유에 맞춰서 더 나은 방법을 사용하면 된다. 그럼 이제부터 공간별 정리·정돈 절대 비법을 배워 보도록 하자.

1. 옷방 정리 끝내는 절대 비법

우리가 생활하는 집에서는 우리가 입고 꾸미는 데 필요한 옷이 제일 짐이 많으며 그래서 조금이라도 소홀하면 금방 공간을 지저분하게 보이게 한다. 그래서 제일 첫 번째 절대 비법으로는 옷 종류부터 짚고 넘어가려고 한다. 그럼 시작하겠다.

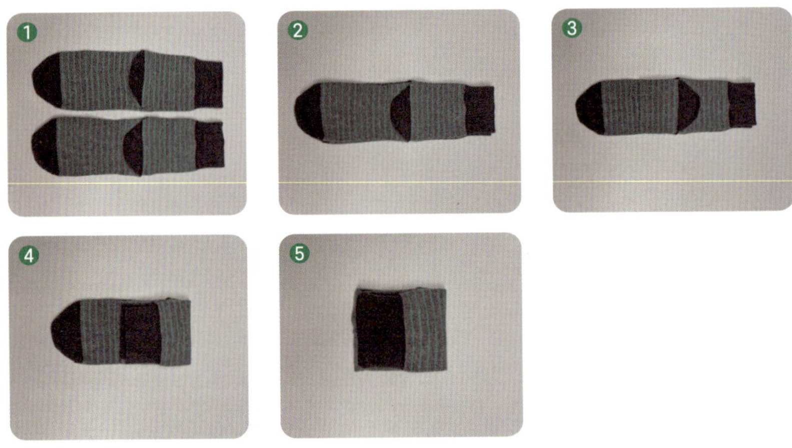

먼저, 양말부터 정리하는 방법을 배워 보자. 양말을 효율적으로 접는 방법에는 총 3가지 방법이 있다.

첫 번째 방법은 쌓아서 말아 올리기 방식으로 가장 많이 하는 방법이다. 먼저 한 짝의 양말을 한 줄로 겹친다. 여기서 바로 말아 올리는 것이 아니라, 위에 있는 양말을 1인치 정도 뒤로 말아 준다. 그리고 양말 코 부분부터 위로 돌돌 말아서 포갠 다음 두 개를 같이 접으면 된다. 1인치를 접어 주는 것이 예쁘게 접는 것의 핵심이다.

두 번째 방법은 수납공간을 줄이기 위해서 옷을 개어 세워서 정리하면 좋다고 했었는데, 이 부분을 양말에도 적용한 것이다. 역시 양말을 겹쳐 올린 후에 1/3분을 접고, 남은 부분을 마저 접는다. 그러면 세워서 정리가 되도록 양말의 목 부분이 발이 되어 지탱이 된다. 제일 위의 방식은 양말이 늘어난다고 하는 분도 있다 보니 그런 점을 보완하고 공간도 조금 더 활용할 수 있다.

마지막으로 교차 접이 방식인데 교차로 모양으로 양말을 펼친 다음 밑에 세로로 누워 있는 양말의 코 부분을 위로 접어 올리고 나면 가로로 누워 있는 양말의 목 부분을 그 위로 올리고 또 밑에 펼쳐진 양말의 목 부분을 다시 위로, 마지막으로 가로로 있던 양말의 코 부분을 접어 올리면 된다. 딱지같이 직사각형 모양으로 정리가 되는데, 이렇게 정리를 하게 되면 모양도 잘 흐트러지지 않고 같은 종류의 양말들을 정리할 때 효율적이다.

(1) 속옷 1: 브래지어

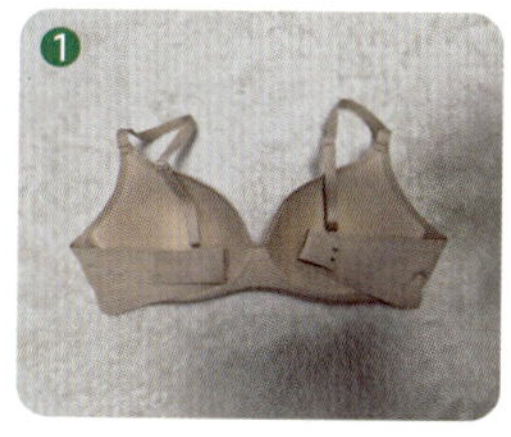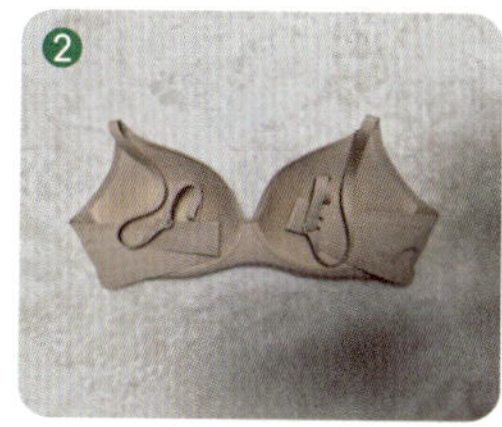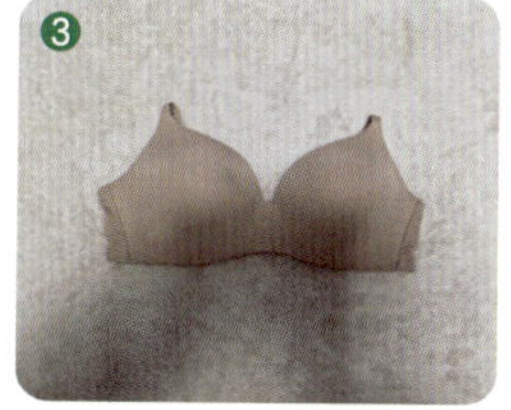

여성의 브래지어 같은 경우는 모양이 망가지지 않아야 브래지어의 기능을 오래 유지할 수 있고, 수명도 길게 보관하여 사용할 수 있다. 브래지어를 한 수납장에 접이식으로 정리할 때는 왼쪽에는 무채색 계열을, 오른쪽에는 색이 들어가 있는 유채색 계열로 정리하자. 이렇게 하면 그

날 기분이나 상황과 필요에 따라 바로 원하는 속옷을 꺼낼 수 있고, 색깔별로 정리가 되어 있어야 시각적으로도 편하다.

한 수납공간에 두 줄 정도 브래지어를 수납할 수 있다면 그 중간에 칸막이를 두자. 각자의 공간을 구분 지을 수 있고 꺼낼 때마다 움직여서 다시 정리해야 하는 수고로움을 막을 수 있다.

또 브래지어를 수납할 공간이 조금 넓은 편이거나 혹은 개수가 적어서 공간이 남는다면 수납용품을 구매해서 정리하는 것도 좋다. 수납용품을 이용하면 약간의 공간이 생겨서 보기도 편하고 꺼내기도 쉬우면서 브래지어의 기능을 더 오래도록 유지할 수 있다.

(2) 속옷 2: 여자 팬티

　　요즘 운동할 때 레깅스에 팬티 라인이 드러나지 않게 하려고 혹은 다른 이유로 T팬티를 입는 여성이 많아졌다. 그리고 한번 T팬티를 입기 시작하면 종류가 많이 늘어나는 편이라 간단하게 짚고 넘어가겠다. T팬티의 경우 뒤집어서 엉덩이 면이 보이게 한 다음 밑부분을 위로 접어 올린다. 그리고 양쪽의 날개 부분을 중간으로 반보다 살짝 더 접는다. 그리고 마지막으로 반을 접어서 수납을 하면 된다.

　　일반적인 여성들의 팬티는 바로 밑단을 위의 밴드 라인까지 접어 올린다. 그렇게 만들어진 마름모꼴에서 1/4분씩 한쪽에서 접어서 총 4번을 접으면 직사각형의 귀여운 모양으로 정리가 완료된다. 이렇게 정리된 것을 세워서 수납공간에 넣으면 된다.

(3) 속옷 3: 속바지

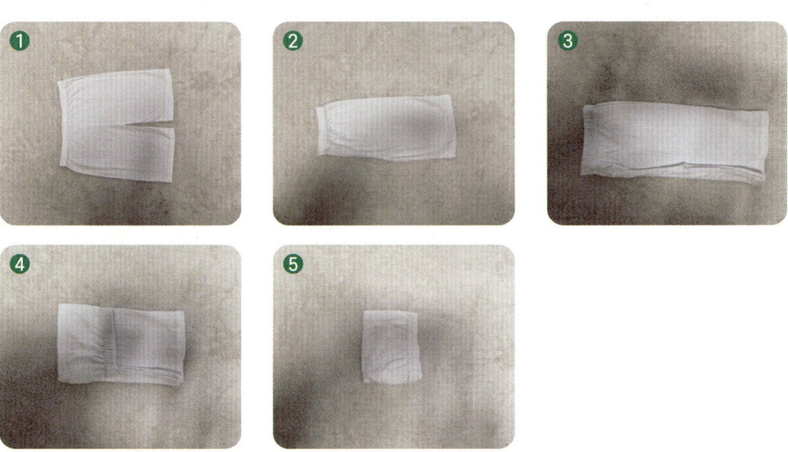

속바지의 경우는 일반적으로 위에 했던 방법에서 한 가지가 더 추가된다. 속바지는 원래 하던 방식보다 더 작고 정돈된 모양이 나오면 속바지 아래의 밑까지 내려온 부분을 제일 위의 밴드 라인에 닿게 접는다. 그리고 한쪽부터 1/3분을 접고, 마지막으로 한 번 더 접으면 예쁜 사각형 모양으로 접혀 모양도 예쁘고 부피도 작게 접을 수 있다.

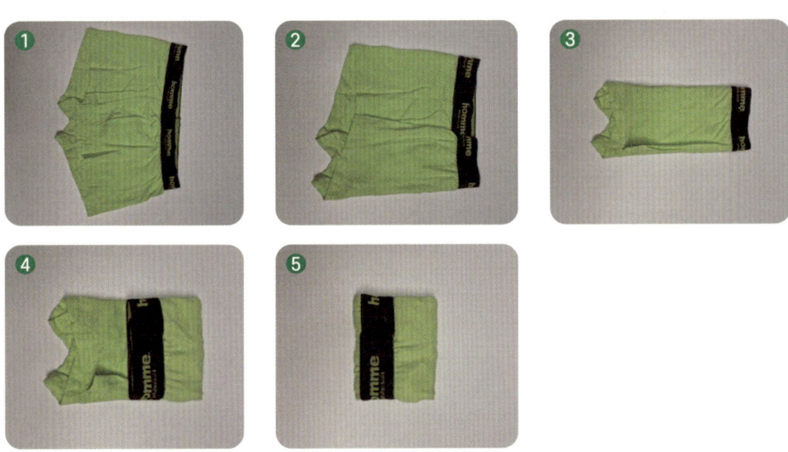

남자 속옷 같은 경우 삼각형은 여성의 팬티와 같은 방식으로 접으면 된다. 하지만 사각팬티나 드로즈 같은 경우는 조금 다르다. 바르게 팬티를 바닥에 편 채로 한쪽에서부터 세로로 1/3을 접는다. 그리고 한 번 더 접어 완전히 포갠 상태가 되면 역시 밑에서 1/3을 접어 올린 후 다시 한 번 더 접어서 직사각형 모양으로 만들면 된다.

밴드에 넣어서 고정되게 하는 방법도 있다. 팬티의 윗부분을 밑으로 1/3 접는다. 그리고 나서 밑의 부분을 위의 밴드 부분 속으로 집어넣고 살짝 눌러 준다. 그러면 사각형 모양으로 고정된 상태로 접히게 되어 세로로 수납하기 쉽게 정리가 된다. 대부분의 남성은 이 방법을 선호하는 편이다.

2) 부피 있는 맨투맨과 후드 티 접기

맨투맨의 경우 티셔츠에 비해 상대적으로 부피가 큰 옷에 속한다. 그래서 가격도 일반 티셔츠보다 조금 나가는 편이라 보관을 잘 해 둬야 한다. 무게가 있어서인지 옷걸이에 걸어 보관하면 목 부분이 늘어나기 쉬워 개어서 보관하기를 추천한다. 일단 뒷면을 시작으로, 목이 시작되는 부분을 접어 반대편 목 부분까지 어깨 부분이 닿게 접는다. 그리고 팔 부분을 반대쪽으로 접어 준다. 반대편도 마찬가지로 접은 후에 밑부분을 반으로 접어 올린다.

목 부분 늘어남 방지를 위해 개어서 보관하기를 추천하지만 공간이 좁은 경우 옷걸이에 걸어서 보관하는 방법도 준비했다. 이렇게 보관하면 언급했던 목 늘어남을 방지할 수도 있다.

일단 한 번 맨투맨의 반을 접어 주고 시작한다. 그리고 밑단의 1/3 이상을 옷걸이 한쪽 부분에 걸고, 팔 부분을 반대편에 걸어서 정리하면 예쁘고 옷 상태도 유지하며 보관이 가능하다.

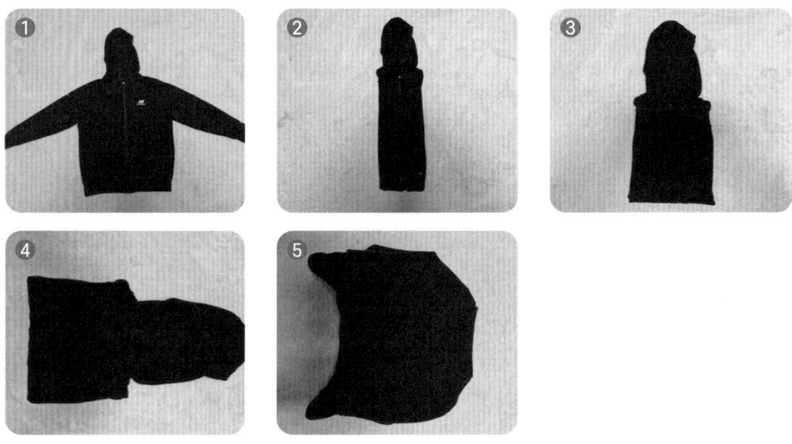

스타일을 내기 좋은 후드 티는 모자 부분이 있어 어떻게 접어야 할지 모르는 분들이 많다. 후드 티 같은 경우는 모자 부분을 활용하면 더 접기가 쉬워진다. 맨투맨은 뒷면에서 접어 시작했다면 후드 티는 앞면에서 맨투맨과 같이 팔과 어깨 부분을 똑같이 접어 주면 된다. 그리고 나서 밑에서 1/3을 한 번 접고 다시 한번 더 접어 모자 부분까지 접어 올려 준 다음 모자 속에 말아 올린 부분을 쏙 집어넣어 주면 깔끔하고 형태가 유지되기 좋게 정리가 된다.

후드 속에 끈들을 집어넣어 주고 뒷면에서 목 아래로 후드 부분을 접는다. 그리고 양측 어깨 부분을 각자 1/4씩 접는데 어깨 부분이 살짝 거리가 있게 접는다. 여기서 반을 올려 접어 정리해서 뒤집으면 아주 깔끔하게 사각형으로 정리가 되어 맨투맨과 후드 티를 한 수납공간에 보기 좋게 정리할 수 있으니 맨투맨과 후드 티가 많다면 이렇게 정리하길 추천한다.

2. 우리 집 첫인상, '현관' 정리 절대 비법

　현관은 집으로 들어올 때 가장 먼저 보이는 집의 얼굴과도 같은 공간이다. 누군가의 첫인상이 한번 결정되면 바뀌기 어렵다. 이렇듯 집에 처음 들어올 때 공간이 보기 좋아야 좋은 인상을 남길 수 있고 누군가가 방문할 때 혹은 내가 퇴근하고 집에 돌아올 때 기분 좋게 들어올 수 있다. 옛 어른들께서 하신 말씀 중에 "현관이 깨끗해야 복이 들어오고, 현관은 집의 기운과 제일 밀접하게 연관이 되어 있다."라는 말이 있다. 그만큼 현관 깨끗함의 중요성은 옛날부터 전해져 오고 있다.

　상담을 요청해 온 한 고객도 역시 현관의 중요성을 잘 알고 있었고 그래서 스스로 정리를 해 보려고 했지만 오히려 더 지저분해져 도저히 안 되겠는지 자문을 얻으러 나에게 방문했다.

　"선생님, 개인적으로 집에 들어오는 현관 쪽이 정말 중요하다고 생각해서 주변에도 많이 알아보고 나름 공부도 했고 수납용품들도 사서 꾸미려고 했는데, 오히려 너무 지저분해졌어요. 남편이랑 저랑 커플 신발들을 많이 사다 보니 신발장에 수납공간도 부족하고 정신이 없어요. 곧 시부모님이랑 친정에서도 방문하신다는데 제힘으로는 도저히 안 되네요. 어떻게 하면 현관을 좀 밝고 깔끔한 느낌을 줄 수 있을까요?"

수납용품을 잘 활용하는 것은 물론 좋지만, 조금이라도 매치가 잘못되면 차라리 없느니만 못한 결과가 나올 수 있다. 그럼 이제부터 집의 얼굴을 맡고 있는 현관 정리하는 법을 알아보는 시간을 갖도록 하자.

1) 현관의 주인공, 신발들부터 정리하자!

현관에 들어오면 가장 먼저 보이는 것은 '신발'들이다. 그리고 현관에는 주로 붙박이 신발장이 있다. 여기를 가장 먼저 정리하는 것이 현관 정리의 첫 번째 시작이다. 정리·정돈을 시작하기 전에 앞서 문을 활짝 열어놓고, 신발들을 모조리 빼놓고 시작하면 덜 답답하고 정리를 하는 데 수월하다. 이 작업을 할 때 전제 조건은 신발 외에 현관에 놓인 것들이 없어야 한다는 것이다.

일반적인 높이의 신발들을 담는 곳에는 슈즈 랙을 사용하면 좋다. 커플 운동화일 경우 위아래로 수납할 수 있어서 좋지만 한 줄에 한 짝의 신발을 정리하는 수납용품은 약간의 높이까지 조절이 가능하기에 많이 쓰는 편이다. 이렇게 용품을 활용함으로써 신발들을 한 수납 칸에 2배로 넣을 수 있기 때문에 공간이 많이 늘어난다.

그러나 높이가 조금 차이가 나는 구두라든지 슬리퍼 같은 경우는 이렇게 하기 힘들다. 이럴 때는 압축봉을 신발장에 설치해서 사용한다. 그러면 공간을 원하는 대로 조절하면서 공간을 추가로 만들어 사용할 수 있다.

요즘 우산꽂이는 수납장에 들어가 있는 경우가 많아 그곳에 보관을 하면 된다. 그래서 이렇게 신발장에 부착형 용품들을 붙여서 아이들이 쓰는 줄넘기나 차 열쇠 등을 걸어 두면 공간도 더 활용할 수 있다. 집에 들어올 때 슬리퍼 같은 경우 여기에 걸어 두면 편하게 꺼내어 쓸 수도 있다. 이렇게 함으로써 미관상 안 좋은 것도 방지가 가능하니 신발은 이런 식으로 최대한 필요한 수납용품만 구매해서 정리하면 좋다.

원룸의 경우 집이 좁아서 수납할 공간이 없는 현관도 종종 있다. 이런 경우에는 사실 신발 수를 많이 두고자 하는 것은 지나친 욕심이라고 볼 수 있다. 일단 신발의 수를 줄이기 위해서 당장 신지 않는 신발들은 본가에 돌려보내는 게 좋고, 업무 특성상 어쩔 수 없이 신발이 필요하다면 아래의 방법을 사용하길 바란다.

* 1줄로 지그재그로 정리할 수 있는 신발 수납용품을 구매해서 신발들을 수납한다.
* 그래도 모자란다면, 여분의 공간을 찾아서 수납을 해야 한다. 이렇게 좁은 집의 경우 문을 열자마자 바로 신발을 놓는 현관이 부엌과 연결되어 있는 경우가 있다. 부엌의 중간 아랫부분을 보면 싱크대 아래에 쓰지 않는 공간이 있어 이곳을 활용해서 넣어 두면 좋다.
* 싱크대 아래를 사용할 때는 벌레가 들어올 수 있는 공간을 다 막고, 카페에서 파는 원두 찌꺼기들을 플라스틱 커피잔에 받아 와서

넣어 두면 냄새도 안 나고 좋다.

＊현관문에 부착식 수납용품을 사서 우산, 열쇠 등 필요한 것들을 걸어
두자. 공간을 조금 더 활용할 수 있으니 공간이 부족할 때 이용하면
좋다. 미관상 좋지는 않으나 원룸은 최대한 공간을 활용해야 한다.

이제는 붙박이 수납공간이 있는 혹은 수납장이 있는 곳을 알아보자.
여기서도 물론 신발의 수가 많은 것은 옳지 않지만 상대적으로는 공간
이 남으니 괜찮다. 하지만 이런 현관 수납장에는 신발뿐만 아니라 다양
한 종류의 물건이 보관되는 경우가 있으니 신발을 넣는 공간을 최대한
줄여야 한다.

3) 믿을까, 말까? 도움이 되는 복이 들어오는 현관 꾸미기

현관의 중요성에 대해서 예부터 많이 전해져 오고 있다고 했다. 그래
서 풍수지리적인 관점에서도 현관을 잘 꾸미면 복이 들어오고 나가지
않는다고 했다. 혹시나 도움이 될까 해서 준비한 코너 '복이 제 발로 굴
러 들어오는 현관 꾸미기'를 준비했다.

＊현관 바닥은 청소가 잘 되어 있어야 한다. 종종 청소를 해서 깔끔
하게 유지하자.

＊문을 여닫을 때 청아한 소리가 나는 종을 걸어 두자. 종에서 나는
청아한 소리가 새로운 기운을 깨워 준다고 한다.

＊문을 기준으로 왼쪽이나 오른쪽에 거울을 두면 좋은데, 왼쪽에 거

울을 두면 재물운이, 오른쪽에 거울을 두게 될 경우 출세운이 올라
간다고 한다. 그렇다고 해서 욕심을 부려서 양쪽에 거울을 두는 것
은 좋지 않다.

* 관엽식물 같은 살아 있는 식물을 놓아둠으로써 생기를 더할 수 있
고 운이 상승하는 효과가 있다고 한다.

* 현관은 밝은 기운을 유지할 수 있도록 바닥재와 현관의 조명을 밝
은 것으로 해 두면 좋다.

* 사람들이 움직이는 그림을 거울의 반대편에 두면 좋다.

4) 복이 들어오는 '현관' 청소법

간혹 고객 중에서 그렇게 넓지도 않은 공간인 현관의 청소를 많이 어
려워하는 경우가 있다. 이번에는 현관을 어떻게 하면 깔끔하게 유지할
수 있는지에 대해서 알아보자.

* 먼저, 청소를 시작할 땐 언제나처럼 문을 활짝 열고 시작하자. 옆
집 사람과 마주치면 어떡하냐고 걱정하는 분들이 있는데 뭐 어떤
가? 내가 내 가족들과 건강하게 살기 위해서 나의 공간에서 하는
건데 무슨 상관인가? 문을 활짝 열고 청소해야 이동할 때 편하고,
잠깐 청소 도구 등을 밖에 두기도 쉬우며 "여기는 청소 중입니다."
라는 느낌이 들어 이왕 시작한 청소를 끝까지 해내게끔 해 준다.

* 바닥에 어떤 물건도 두지 않게 신발은 신발장에, 우산은 우산꽂이
에 넣어 둠으로써 현관을 청소할 준비를 시작한다.

＊바닥을 청소할 때 청소기로 밀어도 구석구석까지 청소가 되지 않고, 나중에 보면 구석에 이물질들이 많이 박혀 있는 경우가 많다. 그래서 청소를 시작할 때 신문지에 물을 묻힌 후 여러 번 찢어서 빗자루를 가지고 바닥을 전체적으로 비벼 주고 마무리로 같이 밖에 내보내 주면 이런 부분이 해결된다. 그래도 해결이 안 된다면 페인트용 붓을 가지고 쓸어 내거나 청소기의 좁은 공간에 사용하는 흡입기를 이용해서 제거하는 것도 좋다.

＊바닥의 경우 타일의 소재에 따라 세제와 닦아 낼 것들을 정하면 된다. 요즘 최신 아파트는 천연석으로 많이들 하는데, 이럴 때는 우레탄 수세미와 중성세제를 물에 풀어서 사용하면 된다. 박박 닦아 낸 다음에는 극세사 행주나 걸레들을 이용해서 닦아 주면 더욱 반짝반짝 청소한 티가 난다.

＊거울은 린스를 이용해서 닦으면 깔끔하게 닦을 수 있다. 극세사로 된 타월 등을 이용하면 되는데 여기에 린스를 묻혀서 비빈 다음에 닦으면 된다. 아니면 쓰지 않는 양말과 스타킹을 이용하는 것도 방법이다. 스타킹 안에 양말을 집어넣어서 스타킹으로 닦으면 마찰이 일어나서 보이지 않았던 먼지도 제거할 수 있는 효과가 있다. 처음엔 얼룩 등이 생겨서 '잘못하고 있는 게 아닐까?' 할 수 있지만 괜찮다. 같은 부분을 여러 번 반복해서 닦으면 광이 나면서 얼룩들이 사라진다.

＊이렇게 청소가 되고 나면 위에 언급한 복이 들어오는 물건 외에는 어떤 것도 두지 않고, 신발도 한 켤레 정도 외에는 나와 있지 않도록 유지하자.

오죽하면 현관이 깨끗해야 건강하고 돈도 벌며 행복해진다는 말이 나올까? 그만큼 현관은 그 집에서 어떻게 살고 있는가를 보여 준다고 할 수 있을 만큼 중요한 곳이다. 위의 방법들을 참고하여 깔끔하게 정리·정돈하고 유지하자.

3. 주부의 자존심, '주방' 정리 절대 비법

여성이라면 옷방뿐만 아니라 주방도 자신만의 스타일로 만들기 바라는 분들이 많다. 하지만 주방은 사실 집에서 가장 정리하기도 어렵고 정돈된 것을 유지하는 것도 가장 힘든 곳이다. 나의 고객 중에서도 80% 이상이 주방을 어떻게 해야 할지 모르겠다고 알려 달라고 했다. 대체 이렇게 힘들다고 하는 이유가 뭘까?

주방은 가진 공간의 넓이에 비례해서 정말 다양하고 많은 종류의 물건이 한꺼번에 정리가 되어 있다. 그리고 조금만 관리를 잘못해도 상할 수 있는 식용품들이 있어서 심리적 부담감도 있다. 책임감이 적절한 표현일 수도 있다. 그리고 자칫 잘못하면 깨지기 쉬운 컵과 그릇들이 있어서 어느 정도 내공이 쌓인 고수가 아니고서야 당연히 쉽지 않다.

그럼 주방의 모든 용품도 역시 한데 모으고 나서 정리를 시작하도록 하자.

1) 주방 지도 만들기

전체적으로 주방을 나만의 공간으로 리셋하자. 이를 위해 주방 지도를 만들어서 계획적으로 활용하면 좋다. 어떤 기준이라도 좋다. 내가 자주 이용하기 편한 그리고 꺼내기 쉬운 동선에 맞게 잘 쓰는 것들을 우선

배치해도 좋다. 나만의 기준을 만들어 지도를 대략적으로 만들어 보자. 주방의 보이는 면을 멀리서 본 듯한 지도를 1장 만들고, 각 세부 수납장들에는 무엇을 넣을지 고민해서 수납장별로 작은 수납 지도를 사용하는 것도 추천한다.

이렇게 수납할 것을 계획하고 지도를 작성해 놓으면 당장 내가 필요 없는데도 구매하려고 했던 것들이 보이고, 지금 가지고 있는 것들 중 필요 없는 리스트도 확인이 가능하다. 그래서 정리를 마치고 수납을 할 때 공간에 맞춰서 계획적으로 수납이 가능해 변수를 줄일 수 있다.

2) 그릇 수납용품 이용으로 공간을 2배로 그리고 빠르게!

그릇은 가장 손이 많이 가면서도 깨지기가 쉬워서 주방의 가장 중간에 그리고 꺼내기 가장 편한 높이에 둬야 한다. 하지만 그릇들을 잘못 수납하면 정말 보기가 안 좋아져서 결국 다시 다 꺼내서 매번 정리를 하려고 하는 분들이 많다. 어떤 분은 나름 공간을 활용하겠다고 큰 그릇을 제일 아래로 그리고 점차 작은 것들을 그 위로 올려서 수납을 한다. 이럴 경우 아래의 그릇들을 꺼내려고 하면 일단 그 그룹의 그릇을 모두 꺼내서 필요한 그릇을 빼낸 뒤에 다시 그룹화하여 수납공간에 넣어야 한다.

이렇게 하는 것은 사실 참 번거로운 작업이며 조금만 실수해도 많은 것이 한 번에 와장창 깨질 수 있는 방식이다. 물론 공간을 최대한 사용할 수 있지만 그만큼 일이 많아지며 효율도 좋지 않고 사실 보기에도 좋지 않다.

그래서 그릇 같은 경우는 수납용품을 잘 활용하면 보기도 좋고 번거로운 작업도 피할 수 있다. 같은 종류의 그릇을 한곳에 담을 수 있는 수납을 활용하면 좋다. 수납용품의 발이 길어서 아래 공간이 높게 남으면 아래에 높이가 있는 그릇을 담아서 보관하면 된다. 또는 도마, 쟁반처럼 높이와 부피가 있는 것들을 한데 담으면 용이하다.

3) 조미료와 식료품

조미료 같은 경우 봉지로 된 것과 병으로 된 것 등 자주 사용하는 것을 한 라인에 구성하는 것이 좋다. 많이 쓴다고 눈 위치에 있는 천장 수납함에 두는 것보다 허리춤에 오는 싱크대 라인의 수납함 쪽을 사용하는 것이 동선상 효율적이다. 하지만 규칙 없이 마구잡이로 보관되어 있다면 찾기도 불편하고 유통기한을 확인하기도 힘들어서 건강상에도 좋지 않을 수 있다. 그래서 조미료 같은 경우도 규칙을 만들어서 보관하면 좋다.

조미료와 프라이팬에 주로 쓰이는 기름들은 칸이 나눠진 용품을 쓰거나 박스를 잘라서 넣거나 작은 박스들을 넣어서 구획을 정해 주는 것도 좋다. 이렇게 하면 병들끼리 부딪혀서 깨지는 것도 막을 수 있다. 또한 구획을 나눈 곳에서 종류별로 구분 지을 수도 있고, 유통기한이 다 되어 가는 것들을 앞쪽으로 놓아둔다면 유통기한을 알고 맞춰서 새로운 것들을 사거나 재고 관리에도 용이해진다.

그리고 조미료가 아닌 식료품들은 주방 옆 베란다 혹은 팬트리 장이 있으면 그곳에 따로 보관하자. 직사광선이 닿는 곳이 아니어야 하며, 보일러가 닿지 않는 곳이면 더 좋다. 만약 베란다만 있고 수납할 공간이 없다면, 작은 선반 같은 것을 설치해 두면 좋다. 여기에 유통기한이 짧게 남은 것들은 앞쪽에 배치해 두자. 라면, 통조림 같은 제품은 그냥 선반 위에 두면 되고, 양파나 마늘 같은 껍질이 있는 식재료들은 통 같은 것에 담아 두면 나중에 정리하기도 쉽다.

4) 주방에는 식탁도 포함된다

요즘 아일랜드형 식탁이 참 많이 나온다. 수납공간이 정말 넓어지다 보니 레시피나 각종 잡지 혹은 자료들이 너저분하게 놓여 있는 경우가 많다. 식탁도 주방의 공간에 포함되는 녀석이다. 식탁만큼 사실 치우기 쉬운 곳도 없다. 그러니 주변의 수납장이나 아일랜드형의 경우 책을 꽂을 수 있는 부분에 다 꽂아서 정리하자. 식탁은 사실 위에 아무것도 없는 것이 가장 보기 좋다.

아일랜드형의 긴 식탁 같은 경우는 한두 가지 정도의 장식용품은 보기 좋을 수 있으나 그 이상은 과하다. 또한 주방과 관련된 용품은 싱크대 위아래의 천장에 충분히 보관이 가능하니 그곳에 보관하면 되고 만약 넘친다면 가지고 있는 재고에 대해서 정말 필요한 것인지 생각을 해 보는 것이 좋다.

5) 칼과 조리 도구 보관 방법

칼은 조금만 관리를 잘못해도 무뎌지기 정말 쉽다. 무뎌지면 요리하는 데 불편한 점이 많으므로 정리를 잘 해 둬야 하는 녀석 중 하나이다. 또 칼은 자주 쓰는 편이기에 조리하는 공간 가까이 두자. 칼 종류가 많다면 종류별로 한쪽부터 나열하면 좋고, 칼 길이가 짧은 것을 왼쪽에 긴 것은 오른쪽에 두어서 보관하면 상황에 맞게 꺼내기 좋다. 또한 조리를 위한 도구이니 보관하는 통도 시간을 내어 종종 세척해 줘야 한다.

칼 외의 조리 도구는 열을 올리는 가스레인지나 인덕션 아래에 수납공간이 대부분 마련되어 있다. 여기 높이가 어떻게 되는지 치수를 재고, 거기에 맞는 수납 도구를 사서 보관하면 깔끔하고 보기가 편하다. 조리 도구와 수저들의 개수도 가족 수만큼만 보관하는 것이 좋다.

6) 그 외

정수기가 있다면 그 근처에 가족이 쓸 수 있는 컵을 두면 좋다. 또한 그 근처에 티나 일회용 커피들이 있으면 바로 마실 수 있으니 동선상에도 편하다.

또 컵, 그릇뿐만 아니라 모든 종류의 주방용품은 같은 종류를 한곳에 모아 두어야 꺼내 쓰기도 편하고 보기도 좋다.

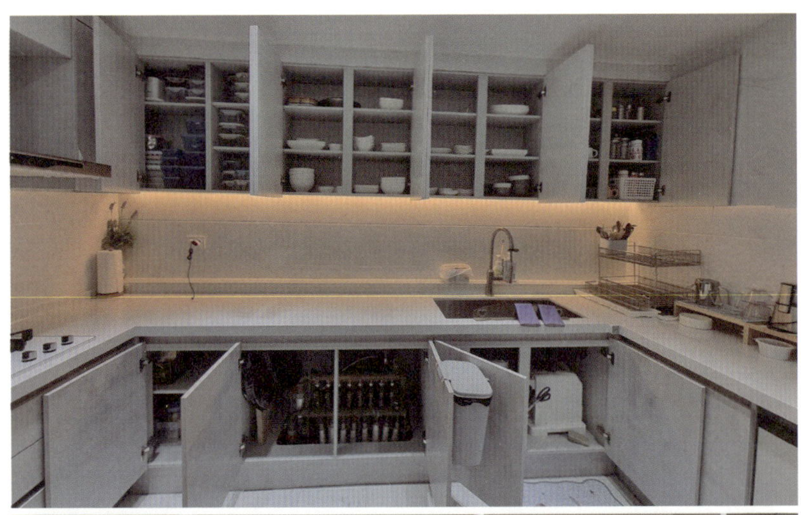

　　마지막으로 주방 서랍을 보면 잡동사니가 가득한 경우가 있다. 이런 경우는 대부분 봉지가 너저분하게 정리되어 있거나 같은 종류의 뜯지 않은 제품들 그리고 주방과 관련 없는 물건들을 이곳에 넣어 둘 때가 많아서 그렇다.

비닐 팩 같은 경우 혹시 미리 몇 장을 꺼낸 경우라면 구매해 온 박스 안에 넣어 두자. 또한 이미 있는데 구매한 제품이나 주방과 관련 없는 잡동사니의 물건들은 현관 수납장 중 창고처럼 쓰는 곳이 있다면 그곳에 보관해서 필요할 때마다 찾아 쓰자.

주방은 정말 손이 많이 가고 그만큼 사용도 많이 하는 공간이다. 먹는 것과 관련된 곳이기 때문에 위생도 생각을 많이 해야 사랑하는 가족의 건강에도 좋으므로 항상 깔끔하게 정리가 되어 있어야 하는 곳이다.

7) 위생을 위한 '주방' 청소 절대 비법

주방은 가족의 위생, 건강과 정말 밀접한 공간이며 주부의 경우 하루 중 제일 많은 시간을 여기서 보낸다고 할 수 있다. 음식을 제대로 하면 하루에 몇 시간씩 여기에 있어야 하니 그만큼 사람의 손길도 많이 가고 때가 낄 일도 많다는 것이다. 그럼 우리 가족과 나의 건강을 위해서 주방 청소 방법을 배워 보자.

(1) 주방 수납장

먼저 싱크대 주변 수납장들의 물건들을 다 빼는 것이 역시 첫 번째다. 그다음은 분무기에 물을 집어넣고, 구연산을 5~10% 넣어서 흔들어 주자. 그리고 그 분무기를 물건들을 빼고 남은 자리에 구석구석 뿌려 주면 된다. 뿌리고 나서 5분 정도 있다가 키친타월로 닦아 내면 말끔하게 수납장의 빈 공간을 닦아 낼 수 있다. 물건들을 빼내는 게 귀찮을 뿐 이 공간은 크게 어려울 것이 없다.

식사를 하는 데 있어 가장 직접적으로 음식과 닿는 조리 도구도 당연히 위생을 위해서 소독을 하는데 한 달에 한 번 정도는 이 방법을 진행해 보자. 조리 도구가 다 담길 수 있을 법한 통에 물을 가득 담아서 준비하자. 여기에 식소다 100mL 정도를 부어 준다. 식초는 그 두 배 정도 부으면 된다. 그리고 여기에 수저와 칼, 가위, 채반 등을 집어넣고 잠기게 한다.

이제 불 위에 이 통을 올려서 팔팔 끓을 때까지 불을 켠다. 끓는 물에 10분 정도 담아 두었다가 꺼내서 퐁퐁과 수세미로 설거지를 하면 된다. 칼이나 가위에서 날카로운 부분과 플라스틱 손잡이 사이의 부분은 칫솔을 이용해서 닦아 내면 매우 좋다.

가스레인지의 상판은 모두 따로 빼놓고 아무것도 없는 상태로 시작한다. 제거된 맨몸의 가스레인지에 식소다를 뿌리는데 이곳저곳 많이 뿌리고 나서 여기에도 식초를 뿌리면 찌든 때들이 보인다. 거품이 일어나고 1~2분 정도 후 거품이 가라앉으면 수세미를 가지고 닦아 내자. 이렇게 다 들어냈을 때 가스레인지 주변 벽면도 함께 수세미로 닦아 내면 청소가 수월하고 한동안 다시 청소할 필요가 없어서 좋다.

가스레인지 상판의 부품들 역시 닦아 줘야 하는데, 먼저 더 중요한 위의 조리 도구들이 끝난 후에 썼던 용품을 가지고 이어서 닦아 주면 된다. 수세미로 닦아서 다 물기를 제거한 후 가스레인지 위에 다시 올려 두면 된다. 남은 물기가 있다면 키친타월로 닦아 주면 광이 나는 효과가 있다.

위의 2가지를 청소하던 수세미를 버리기 전에 싱크대도 청소를 해야 한다. 먼저 싱크대 전체에 물을 뿌려 준다. 그리고 그 수세미로 바닥을 한 번 다 닦으며 기본 정리를 시작한다. 배수구도 역시 정리를 해 줘야 한다. 배수구를 정리하지 않으면 곰팡이가 생기기 쉽고 고약한 냄새가 나니 반드시 싱크대 정리를 할 때 같이 해 줘야 한다.

먼저 여기에는 베이킹소다와 식초를 준비하고 옆에 팔팔 끓는 뜨거운 물을 준비하자. 그리고 배수구에 베이킹소다와 식초를 뿌려서 거품이 일게 하자. 그리고 이제는 안 쓰는 칫솔을 가지고 배수구의 때와 이물질들을 다 벗겨 낸 후 준비한 뜨거운 물을 전체적으로 부어 소독이 될 수 있도록 하자. 마지막으로 수도꼭지도 닦아 주면 좋은데 이때는 새 칫솔에 치약을 묻혀서 빡빡 닦고 물로 닦아 내면 아주 깔끔한 싱크대를 볼 수 있다. 싱크대를 청소할 때는 전체를 다 한다는 생각으로 진행해 보자.

가스레인지 위에 냄새와 연기가 퍼지는 것을 방지하기 위해 후드가 있다. 여기를 청소해 주지 않는다면 기름이 뚝뚝 떨어져서 가스레인지가 더러워지고 혹은 음식을 하는 도중에 큰 낭패를 보는 일이 생길 수 있다. 노란색 기름이 떨어지는 모습을 한 번이라도 본 적이 있다면 얼마나 위생상 안 좋은지 보자마자 알 수 있다.

그래서 이 후드 부분까지 청소를 해 줘야 가스레인지 청소가 끝이 난다고 할 수 있다. 후드 부분 청소는 생각보다 오래 걸리지 않는다. 그러니 아직 이사하고 나서 한 번도 한 적이 없다면 지금 바로 따라서 해 보자.

후드를 깨끗하게 청소하기 위해 과탄산소다와 주방 세제 그리고 큰 검정 비닐봉지를 준비해 놓자. 그리고 후드 부분을 위에서 분리하여 비닐봉지에 넣어 두자. 봉지에 넣어 두는 것은 세균을 소독할 때 올라오는 나쁜 연기와 세균들이 밖으로 퍼지는 것을 막기 위함이니 꼭 준비하자. 정 구할 수 없다면 주변 마트에 가서 종량제 봉투 50~100L로 준비하면 좋다.

봉투 안에 있는 후드 위에 골고루 과탄산소다를 종이컵 2컵 정도 뿌리고 장갑 낀 손으로 펼쳐서 모든 부분에 다 닿게 해야 한다. 그리고 창문을 꼭 열어 두자. 여기서 뜨거운 물을 2L 정도 부어 주면 연기가 나고 거품이 난다. 재빨리 주방 세제를 10방울 정도 떨어뜨리고 봉지 입구를 틀어막자. 더 좋은 방법은 솔 같은 걸로 한 번 쓸어 주면 좋지만 굳이 없어도 되니 일단 먼저 봉지를 꼭 막아서 공기가 빠져나가는 것을 방지한다.

5분 정도 봉지를 밀봉한 상태에서 솔로 몇 번 더 쓸어 주면 정말 좋지만 없으면 여기서 거품들을 버리면 된다. 그리고 물로 헹궈 줄 때 찬물보다 뜨거운 물로 하면 더 좋다. 이때 칫솔을 이용해서 모서리 부분에 낀 때가 보인다면 같이 제거해 주자. 차가운 물로 바로 세척을 하게 되면 필터망에 오래 묵혀 있던 것들이 기름이라 빨리 굳어서 다시 똑같은 작업을 해야 하는 수고로움이 생길 수 있다. 그래서 뜨거운 물로 세척해 줘야 한다. 이제 남은 작업은 후드를 탈탈 털어서 말린 후에 다시 끼워 주기만 하면 된다.

이날 주방 청소를 했던 용품들을 버리는 것도 좋지만 기름때로 엉망이 된 부분을 행주 비누로 박박 닦아 내면 금세 깨끗해진다. 소독용 세제가 있다면 물에 잠긴 행주들에 같이 뿌려서 소독을 해 주면 좋다.

주방은 집에 있는 시간이 길수록 그리고 음식을 자주 해 먹을수록 정리를 해 줘야 하는 이유도 늘어나고 해 줘야 할 횟수도 많아지니 꼭 자주 청소해서 식중독과 위생을 철저히 관리하도록 하자.

연예인들의 냉장고를 공개하며 음식을 할 정도로 TV에서 쿡방이 대세다. 이것이 인기 있는 이유는 연예인들의 냉장고에는 무엇이 어떻게 들어 있는가 그리고 어떻게 관리하는가를 TV를 통해 '연예인은 뭐가 다른 것이 있나?' 하고 관측하면서 찾는 재미가 있기 때문이다. 새로운 집에 가면 냉장고는 무엇인가 찾아볼 정도로 냉장고는 그 집의 핵심 가전제품이라고 할 수 있다. 주방과 마찬가지로 냉장고는 가족들의 배로 들어가는 음식들을 보관하는 곳이기 때문에 관리를 철저하게 해 줘야 한다.

1) 버리고 부피 줄이기

냉장고 역시 버리기부터 시작하는 것은 마찬가지다. 냉장고 안에 있는 모든 것을 꺼내서 유통기한이 지난 것과 먹을 수 없는 상태인 것들은 바로 버려야 한다. 그리고 그 보관 용기들은 싱크대에 올려놓고 세척을 할 수 있도록 하자.

찬 종류들은 일주일~10일이 지난 것은 바로 버릴 수 있도록 하고, 젓갈류는 만약 뚜껑을 따서 냄새가 좋지 않거나 곰팡이가 핀 경우 혹은 유통기한이 지났다면 바로 버리도록 하자.

참고로 냉장실은 100% 채우는 것보다 60% 정도를 채우는 것이 전기

세 절감에도 좋다고 한다.

그리고 포장이 되어 있는 식재료들은 몽땅 뜯어서 내용물을 따로 보관하여 부피를 줄이는 것이 좋다. 예를 들어, 계란도 냉장고의 도어 포켓 쪽에 있는 계란용 용기를 이용해서 담으면 계란을 살 때 주는 종이 용기를 냉장실에 넣어 둘 필요가 없다. 계란 한 판을 냉장실에 넣어 두면 그 위에 뭔가를 얹을 수도 없고 깨질 우려가 있어 매번 조심해야 하는데 이렇게 옮겨 보관하면 쓸데없는 공간을 차지하지 않아서 부피도 줄일 수 있고 다른 것들을 이용할 때 편하다. 이렇듯 하나씩 다 부피를 줄이기만 해도 생각보다 공간은 늘어난다.

2) 음식은 투명한 통에 담아야 한다

빛을 받으면 안 되는 음식 외에는 모두 아이들의 장난감을 담듯이 투명한 용기에 담아서 음식이 무엇인지 구별을 쉽게 해야 한다.

또 팁이 있다면 과일이나 채소류는 유통기한이 짧은 편이라 지퍼 백에 분리해서 보관하면 좋다. 냉장고에 있는 음식을 구분하기 위해서 플라스틱 통과 지퍼 백을 주로 이용하는 편인데 여기에 견출지를 이용하여 '음식 이름', '담는 날짜'를 표기하자. 이렇게 하면 유통기한과 버려야 할 때를 쉽게 파악할 수 있으므로 아래의 이미지와 같이 보관하면 된다.

옷방이나 옷장에는 최대한 이름표 같은 것을 붙이지 말자고 했지만 냉장고는 이 법칙에서 예외가 된다. 인간의 뇌는 금방 잊기 때문에 조금만 소홀해져도 언제 무엇을 담았는지 기억을 하기가 쉽지 않다. 건강과 직결된 부분이라 상한 음식을 먹지 않기 위해 이렇게 꼭 메모해 두길 바란다.

또 이렇게 해 두면 유통기한을 넘기지 않고 기간 내에 남은 음식을 먹으려고 하게 된다. 따라서 비용도 절약할 수 있으며 음식을 버리는 아까운 일을 줄일 수 있다.

3) 선반 정리는 무조건 분리해서

냉장고 내부에 있는 선반을 청소할 때는 일단 모든 보관된 음식물을 잠시 빼는 게 좋다. 그리고 각 선반마다 분리를 할 수 있으면 최대한 분리를 해서 정리를 해야 한다. 귀찮을 수 있지만 매번 그렇게 해야 하는 이유는 조금만 놔둬도 묵은 때가 생기기 쉽기 때문이다.

냉장고 내부를 청소할 때는 물, 식초, 소주를 1:1:1의 동일한 비율로 제조하면 살균 효과도 있으니 이렇게 만들어서 닦으면 된다. 구석구석 다 닦아 낸 다음 다시 냉장고에 어떻게 보관해서 넣을지를 정해 보자.

4) 나만의 냉장고 지도를 만들자

주방 지도를 만들었듯 냉장고도 지도를 만들어 두면 좋다. 이미 보관된 것들을 꺼내면서, 또 필요 없거나 오래된 것들을 버리면서 재고가 무의식 속에 내재되어 있다.

이때의 기억을 바탕으로 냉장실과 냉동실에 어떤 것들을 담을지 매핑을 해 두면 나중에 음식들을 꺼내 쓸 때도 편리하다. 같은 종류의 음식과 양념들은 한 바구니 속에 같이 담아 두면 좋다.

야채는 2~3일 먹을 정도만 보관하고 그때마다 필요할 때 구매하면 더욱 좋다. 굳이 많은 것을 한 번에 쟁여 넣는 것은 전기세와 공기 순환에도 좋지 않고 냉장고를 복잡하게 만드는 주된 이유가 된다.

5) 냉장고 악취 제거 꿀팁

생각보다 음식 종류가 많이 들어 있지 않음에도 불구하고 냉장고는 금방 악취가 나기 쉽다. 왜 그런지 몰라도 이 악취가 생기고 나면 문을 여닫을 때마다 불쾌함이 나서 정리·정돈을 하고 싶어지는 마음도 사라지게 된다. 그리고 이 냄새가 음식에도 배게 되면 식사를 하다 젓가락을 바로 놓고 싶어진다. 그럼 냉장고 속의 악취를 제거하는 방법을 알아보자.

* 베이킹소다 이용하기: 주방 청소를 할 때 쓰던 베이킹소다를 양념을 담는 작은 용기에 담아 그냥 넣어 둬도 좋다. 넘어져서 지저분해지는 것을 방지하기 위해 종이컵에 담아서 비닐을 덮고 위에 구멍을 조금 내어 주는 방법도 있다.

* 커피 원두 이용하기: 커피는 이미 유명한 탈취제 중 하나다. 주변 카페를 둘러보면 커피 원두 찌꺼기를 무료로 주는 곳이 많은데 돈 안 들이고 쓸 수 있는 것이니 꼭 받아 와서 사용해 보자. 정말로 냄새를 금방 그리고 확실히 잡아 주는 좋은 아이템이다.

단, 이 녀석을 바로 사용하는 것은 금물이다. 이 찌꺼기들을 신문지 위에 얇게 펴서 말려 사용해야 한다. 이유는 기존의 습기를 제거해야 하고 만약 바로 사용하면 곰팡이가 생길 수 있기 때문이다. 물론 잠깐 탈취용으로 1일 정도 쓰고 뺄 것이라면 그렇게 할 필요는 없다. 하지만 습기를 제거한 후에 둔다면 오래 쓸 수 있으니 이렇게 해 보길 권한다.

* 식빵 이용하기: 유통기한이 지나서 먹지 못하는 식빵을 활용해 보자. 그냥 식빵을 용기에 담아 뚜껑은 당연히 덮지 않은 상태로 보관해 두기만 하면 된다. 더 좋은 방법은 프라이팬이나 토스트기로 식빵 양면을 모두 바싹 태워서 포일로 한 번 감싼다. 그리고 구멍을 꽤 내어서 냉장고에 넣어 두면 활성탄의 기능을 낸다고 한다. 그래서 탈취를 할 때 효과가 더 높아진다.

* 소주&에탄올 이용하기: 소주와 에탄올을 이용해서 냉장고 내부를 닦아 내면 냄새가 확실히 제거된다. 그리고 남은 소주가 있는 소주병을 열어 둔 채로 보관해 두기만 해도 냄새를 제거해 주는 데 큰

6) 더욱 맛있게 보관하는 '김치냉장고' 수납과 정리법

대한민국을 대표하는 음식은 바로 김치이다. 이제 한 가정에 꼭 하나씩 있을 정도로 김치냉장고가 많이 상용화되었고 보급되어 있다. 김치는 발효 식품이라 조금만 잘못 보관해도 냄새가 심하게 날 수 있고 맛도 유지하기 힘들어진다. 이번에는 가족들이 더욱 맛있게 즐기고 건강하게 맛볼 수 있도록 김치냉장고는 어떻게 하면 좋을지 배워 보자.

(1) 김치냉장고 더 맛있고 효율적으로 수납하기

김치냉장고는 일반 냉장고에 비해서 크기도 작고 가족들의 손길이 조금 덜 타는 편이다. 그렇다고 해서 관리를 안 하면 차라리 없느니만 못한 공간만 차지하는 녀석이 되기 쉽다. 김치냉장고라고 해서 김치만 보관하는 것이 아니라 육류와 생선류도 함께 보관하다 보니 더 꼼꼼하게 관리를 해 줘야 한다.

김치냉장고에 보관을 할 때 사각 용기 같은 모양과 같은 종류로만 수납하는 것이 제일 좋다. 하지만 이 용기가 생각보다 크기 때문에 공간이 많이 남고, 한 종류만 담기에는 아쉬울 때가 많다. 그래서 여유가 많이 남는 통에는 쇼핑백이나 박스를 잘라서 보관하면 공간을 더 활용할 수 있고, 분리 보관이 가능한 장점이 있다.

일단 김치냉장고의 내용물을 모조리 꺼내자. 제대로 청소를 못 했다면 이참에 같이 해 보도록 하자. 설탕과 식초, 식용유 그리고 행주만 있다면 준비 끝! 물과 설탕의 비율을 10:1로 하여 섞은 다음 행주에 살짝 묻혀서 김치냉장고 내부를 닦아 주자. 이렇게 한 번 닦아 내고 나서는 다시 물과 식초의 비율을 10:1로 제조하여 묻힌 다음 한 번 더 닦아 내면 된다.

김치냉장고도 일반 냉장고와 마찬가지로 문을 여닫을 때 성에가 끼거나 습기로 인해 세균, 곰팡이가 쉽게 생길 수 있다. 그래서 청소 후에 식용유를 정말 조금 김치냉장고의 벽 쪽에 살짝 바르면 성에가 생기는 것을 방지할 수 있다.

김치냉장고는 문 부분과 내부의 고무 패킹까지 반드시 박박 닦아 내야 한다. 고무 부분은 칫솔에 치약을 묻혀서 닦아도 되고, 물에 담근 다음 팔팔 끓여서 소독해도 된다. 물을 끓여 소독하는 방식으로 소독을 했다면 꼭 물기를 말리거나 닦아서 끼워 넣자.

성에를 덜 끼게 할 수 있는 꿀팁이 있는데, 집에 은박지가 있다면 청소를 마무리하고 다시 수납하기 전에 은박지들을 깔아 두고 수납하자. 은

박지가 온도 변화 폭을 줄일 수 있게 해 주는 효과가 있어서 성에가 안 끼거나 덜 끼게 해 준다. 그리고 혹 성에가 낀다 하더라도 식용유를 발랐던 효과 때문에 쉽게 떨어져서 떼어 낸다고 고생할 필요도 없다. 그리고 떼어 내다 바닥에 떨어진 성에들이 은박지 위에 떨어지니 한 번에 제거하기도 쉽다. 다시 식용유를 벽면에 발라 주고 은박지를 깔아 다시 세팅하기도 쉬우니 꼭 해 보자.

5. 잠이 솔솔 오고 복이 절로 들어오는 '침실' 정리 절대 비법

우리는 어릴 때 침실의 중요성을 모르고 엄마가 깨우면 이불을 걷어차고 학교로 터벅터벅 나섰다. 그랬던 내 방이 어른이 되어서는 한 집의 침실이라고 불리는 큰 방이 되었고 부부의 생활이 어떤지 안방을 보기만 해도 한 번에 드러나는 곳에서 생활을 하게 됐다.

어떤 이는 침실을 공주처럼 사랑스럽게 만들고 싶어 하고, 또 누군가는 필요한 것만 있는 미니멀 라이프를 꿈꾸며 자신만의 공간을 만드는 데 열중하게 된다. 사람이 일을 해 나가기 위해서 그리고 살아가기 위해서 수면은 필수이다. 그러다 보니 수면을 잘 이루기 위해서 침실의 모든 것을 자신을 위해 최적화하려고 한다. 그만큼 우리는 침실의 중요성을 잠재의식 속에서 알고 있다.

침실에도 대부분 붙박이장이 있고 그 안에는 옷이 많은 자리를 차지한다. 앞서 옷방 정리·정돈에서 자세히 나눴기 때문에 이 부분에 대해서 여기서는 설명하지 않겠다.

침실에는 붙박이장, 침대 그리고 화장대 외에는 아무것도 없어야 한다. 편안함을 느끼고 잠을 자야 하는 이곳에서 번잡한 느낌이 드는 순간 침실은 그 기능을 잃게 된다.

1) 가구만 재배치해도 방이 넓어진다

고객분 중에 침실을 새로 배치해 보고 싶다는 분이 있었다. 방에 들어가 보니 말 그대로 아수라장이었다. 공간의 모든 곳이 가구들로 가득 차 있었다. 이유를 물어보았더니 수납공간이 부족해서 그렇다고 했다. 이 방에는 침대, 붙박이장 외에 책상, 스탠딩형 행거와 수납장, 책상, 화장대, 그냥 모든 것이 이 방에 다 있었다. 심지어 문도 잘 열리지 않았다.

일단 스탠딩형 행거부터 옷방으로 옮겼다. 사무실에나 있을 법한 이 녀석이 집에까지 있을 줄 몰랐다. 옮기면서 사무실로 옮길 수 있으면 옮기시라고 추천을 드렸다. 그리고 스탠딩형 수납 박스에는 속옷들이 있었는데, 붙박이장 내에 있는 옷을 새로 개어서 공간을 확보하고, 걸 수 있는 옷들을 걸어서 공간을 다시 확보했다.

또한, 붙박이장에 있는 5년 넘게 쓰지 않았다는 이불은 버리고 공간을 확보했다. 그리고 수납 박스는 베란다에 옮겨서 필요한 물건들을 담을 수 있게 했다. 마지막으로 책상은 서재에 옮기고 안방에 있는 물건들을 최소화했다. 그 결과 방이 1.5배는 넓어지는 효과가 있었다. 부탁해서 집으로 초청까지 했지만, 버리고 옮기는 도중에는 입이 튀어나오던 고객이 결과를 보고 만족했다.

고객은 문이 끝까지 열리자 기분이 달라져서인지 더 만족해하셨다. 문은 반드시 활짝 열리도록 방해물이 아무것도 없어야 한다. 문이 열려야 복이 들어온다. 공간을 위해서 문이 제 기능을 못 하게 되는 일이 없도록 하자.

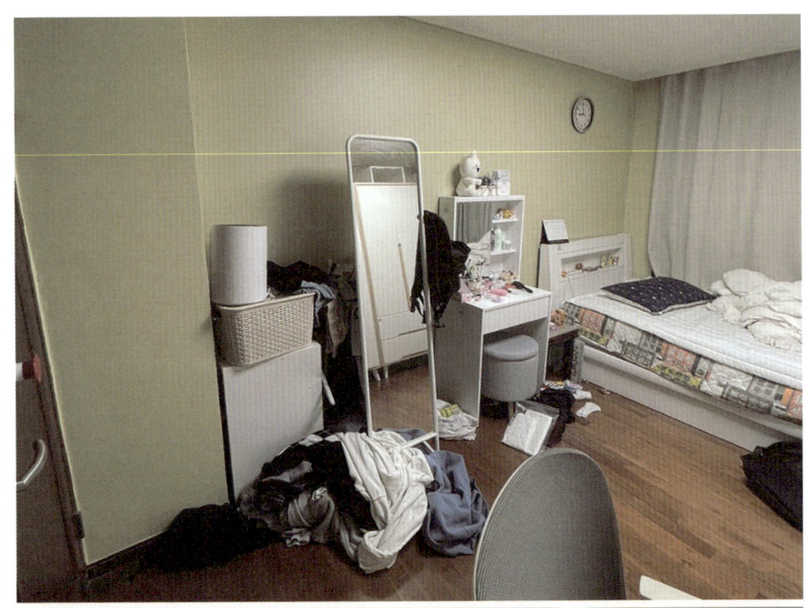

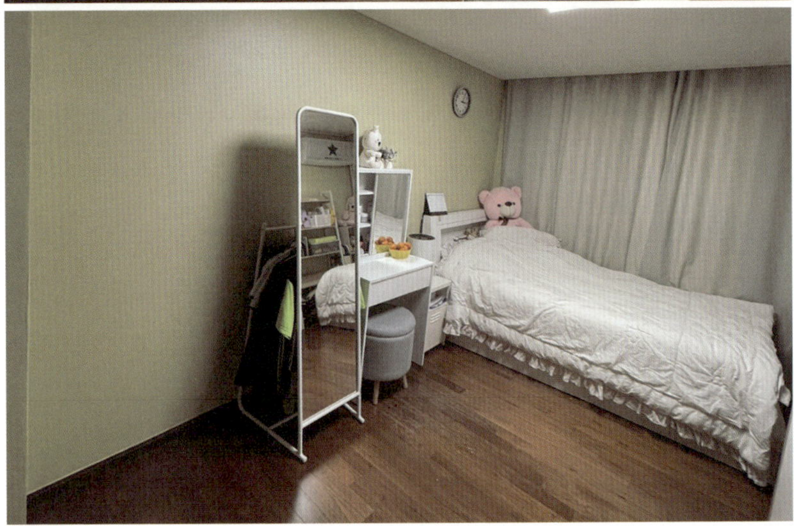

122

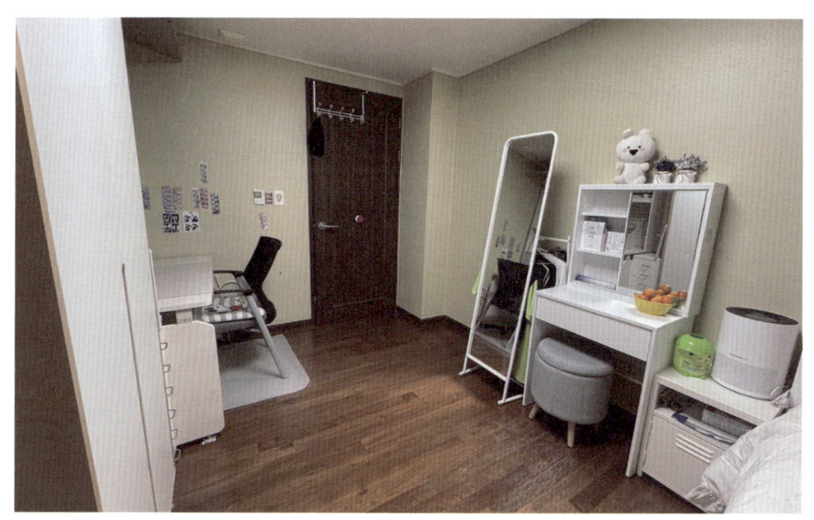

2) 침실 청소 팁

침실 침대 밑은 청소하기가 어렵다. 침대 높이가 높다면 청소하는 데 애로 사항이 없지만 그렇게 높지 않다면 팔을 넣어서 청소하기도 힘들어서 먼지가 많이 쌓일 수 있다. 이럴 때는 긴 청소 마대를 이용하면 좋다. 처음 청소를 할 때는 정전기 청소포를 마대 앞에 고정하여 이용하면 먼지를 잘 닦아 낼 수 있고, 물걸레를 다시 마대 앞에 붙여서 닦아 내면 깔끔하게 닦아 낼 수 있다.

이불의 먼지 같은 경우도 비염, 아토피의 원인이 될 수 있고 천식이나 폐 질환 확률을 엄청나게 올릴 수 있다고 하니 반드시 주기적으로 털어 줘야 한다. 만약 혼자 거주해서 청소가 어렵다면 돌돌이형 스티커를 이용해서라도 떼어 내면 좋다. 혹은 쇼핑몰에서 '침구 청소기'라고 검색하면 앞부분 헤드만 파는 경우가 있으니 구입해서 먼지를 주기적으로 제거해 주자. 특히 침구용 주둥이를 꽂아서 청소기로 먼지를 털어 내는 경우 반드시 문을 열고 마스크를 끼고 해야 한다. 보이지 않지만 엄청나게 먼지가 날려서 눈과 코가 아플 수 있다.

3) 이불장 정리하기

붙박이장의 한 공간은 대부분 이불장으로 사용하고 있다. 하지만 이불은 계절이나 반기마다 한 번씩 교체하다 보니 손이 잘 안 가서 먼지가 쌓이기 쉽다. 게다가 소재도 먼지가 잘 들러붙는 소재들이 많아서 더욱 그렇다. 그러다 보니 정리도 엉망으로 쑤셔 넣는 경우가 참 많다.

신혼부부의 경우는 이불 수가 많지 않지만, 그래도 여름과 겨울용으로 최소 각 한 세트씩 보관되어 있다. 종종 청소를 해 주고 관리를 해 줘야 이불도 오래 사용할 수 있고 문을 여닫을 때 먼지로 고통받는 일을 줄일 수 있다.

먼저 장에서 이불을 모두 다 꺼낸다. 그리고 이불이 있던 공간을 반드시 물걸레를 이용해서 먼지를 다 닦아 내자. 이불을 다 같은 모양으로 통일해서 접어 주고 무겁고 두꺼운 이불이 아래에, 그리고 가벼운 이불이 위로 올라갈 수 있도록 하자.

이불을 깔끔하게 접는 방법은 왼쪽과 오른쪽에서 각각 1/3씩 포개면서 접어 주자. 접힌 상태에서 위 1/4을 접고, 밑에서 1/4을 접어 주면 되는데, 이때는 끝부분이 닿는 게 아니라 어느 정도 띄어 주자. 그러면 마지막에 포개 접을 때 이불이 단정하게 접힐 수 있다.

만약 집이 작거나 방의 수납공간이 좁은 경우, 이불 수가 당연히 적은 게 좋겠지만 많아서 안 쓰는 이불을 보낼 곳이 없다면 도구를 이용해서 이불 면적을 줄일 수 있다. 마트나 쇼핑몰에서 압축 팩을 구매한다. 이불을 압축 팩에 넣고 청소기를 이용해 공기를 빼면 정말 많은 부피가 한 번에 줄어드는 것을 볼 수 있다. 이렇게 이불장 공간이 2배~3배가량 늘어나면 이곳에 옷이나 필요한 물건들을 보관해서 수납하면 된다. 침실에 다른 물건이 튀어나와서 불편한 것보다 이렇게 간단한 도구와 물품을 이용하면 공간을 훨씬 넓게 사용할 수 있다.

6. 깨끗하게, 맑게, 자신 있게~ '거실' 정리 절대 비법

생활 중심 공간인 거실은 집의 몸통 역할을 한다. 그래서 집 꾸미기를 할 때 거실을 어떻게 변화 주냐에 따라 집 전체 분위기를 좌우한다고 할 수 있다. 가족 구성원 전부가 모이는 공간이며, 손님이 왔을 때 대접하는 공간도 이곳이다. 그러니 조금 더 깔끔하고 정돈된 모습이 핵심이며, 인테리어는 그것을 바탕으로 자신의 기호품을 맞게 놓아야 공간의 역할을 잘 해낼 수 있다.

또 거실은 대체적으로 집에서 넓은 부분을 차지하기 때문에 많은 가구가 놓이는 장소이다. 하지만 자칫 잘못하면 거실은 무거운 짐이 쌓이는 창고가 될 수 있으니 유의해야 한다. 가구 배치만 조금 손보아도 더 넓어 보일 수 있으니 가구 배치에도 신경을 써야 한다.

1) 깔끔한 '거실' 만드는 청소 팁

자, 손님이 온다고 가정하고 마인드 세팅을 해 보자. 그것도 아주 중요한 손님이 온다고 생각하고 해야 대충 하지 않고 넘어갈 수 있으니 그런 분이 방문한다고 가정하고 정리·정돈을 시작해 보자. 역시 창문을 활짝 열고 세탁 바구니 같은 것을 거실 중간에 두자. 그리고 종량제 봉투와 닦을 행주까지 준비했다면 완벽한 세팅이 되었다.

이제 당신이 가장 치우고 싶은 부분부터 포인트를 정하자. 바닥에 떨어진 물건들은 원래의 위치에 되돌려 놓고 옷가지들은 세탁 바구니에다 집어넣는다. 그리고 쓰레기나 거실에서 정리를 하면서 필요가 없는 녀석들은 전부 종량제 봉투에 채워 주자. 내가 하기로 했던 첫 번째 포인트에서 비울 것과 정리할 것을 구분하면서 청소기로 밀어 주거나 행주로 먼지를 닦아 내는 것은 동시에 진행한다.

이렇게 거실을 한 바퀴 돌면서 바닥에 놓여 있는 물품은 거실에 있는 수납장에 다 정리해서 넣도록 하자. 혹시나 화분이 있다면 화분의 위치를 최대한 벽 쪽으로 밀어서 공간을 넓힐 수 있도록 하고 만약 죽은 화분이 있다면 즉시 정리하도록 하자. 또한 버릴 시기가 지난 잡지나 신문들이 있으면 이것도 바로 버린다. 약품이나 문구류 그리고 사용하지 않는 충전기 등이 있다면 부피가 크지 않기에 TV 아래 수납장에 박스를 넣어서 칸을 구분하여 정리하면 깔끔하고 수납장 한곳에 여러 개를 넣어도 이질적인 느낌이 들지 않는다.

그리고 거실에서 문어발식으로 멀티탭을 사용하는 경우가 참 많다. 이런 경우 길이가 길어 늘어져 있는 선들은 바로 케이블 타이로 정리하면 깔끔해 보이고 좋다. 여기에 강력한 양면테이프로 멀티탭의 위치를 안 보이게 고정해 두면 더욱 깔끔하게 전자용품들을 사용할 수 있다.

마지막으로 거실에서 절대 빼놓을 수 없는 것이 몸을 편안하게 기대게 해 주는 소파이다. 소파도 이불과 마찬가지로 보이지 않지만 먼지가 쌓이기 쉽고 오염되었을 경우에는 쉽게 정리가 되지 않는 정리가 어려운 가구이다. 만약 커버를 덮어 두고 쓰거나 혹은 교체해서 쓸 수 있다면 교체할 커버를 빨아서 쓰는 것이 가장 좋다. 만약 커버 일체형인 패브릭 소파를 사용할 경우에는 정전기 부직포를 이용해서 모든 면을 구석구석 닦아 먼지를 1차적으로 제거해 준다. 그리고 이불 청소를 할 때 했던 것처럼 청소기에 침구용 헤드를 붙여서 양손으로 모든 면의 먼지를 흡입해서 정리하자.

얼룩이 묻었을 경우에는 오래되어 물티슈로 지워지지 않는 때가 있다. 베이킹소다를 이용해도 되지만 소파의 재질에 따라 각자 맞는 클리너가 대형 마트에 있으니 이것을 이용하면 쉽고 빠르고 깨끗하게 변신시킬 수 있다. 간혹 소파에서 냄새가 난다고 섬유 탈취제를 뿌리는 경우가 있는데 이럴 때는 같은 곳에만 뿌려지지 않도록 해야 한다. 만약 계속해서 같은 곳에만 뿌려졌을 경우 이것이 오히려 내부에서 곰팡이를 만들어 더 퀴퀴한 냄새가 나는 이유가 될 수 있다.

욕실과 화장실을 어떻게 관리하는지를 보면 집주인의 성격이 보인다고 했다. 그렇게 넓지는 않지만 조금만 관리를 소홀히 해도 악취가 올라오고 바닥과 벽 그리고 변기 구석구석에 곰팡이가 금방 피어오른다. 또 샤워 공간이 분리되어 있지 않은 경우, 머리카락이 바닥에 지저분하게 깔려 있다. 손을 대기에는 찝찝하고 더러워 보여 피하게 된다. 하지만 결국 내가 살기 위해선 여기를 깨끗하게 하지 않고는 있을 수가 없다. 긍정적인 마음으로 욕실을 정리하다 보면 깨끗함이 유지되고 화장실 청소가 괴롭게만 느껴지지 않게 된다.

"제가 살고, 제가 어지럽힌 화장실이지만 더러워서 못 하겠어요. 남들은 화장실 청소가 재밌다고 하는데 저는 왜 이렇게 하기가 싫죠? 마인드 셋부터 필요한 거 아는데 어떻게 하면 청소를 최대한 안 할 수가 있을까요?"라고 화장실 청소에 대해 큰 고민이 있다며 찾아오신 분이 있었다. 자기가 만든 공간인데 저렇게 싫어할 수가 있나 했는데 이런 분들이 사실 한두 분이 아니라는 게 더 놀라웠다.

이 사실이 놀라워, 친구들과 지인 모임에 나가 이 이야기를 들려주었다. 그들도 화장실 청소는 정말 싫다며 억지로 한다고 하는 이들이 대부분이었다. 그런데 그중 한 친구의 남편은 화장실 청소를 정말 즐긴다고 했다. 왜 좋아하는지 물어봤더니 2가지 이유가 있었다. 첫 번째는 아내가 힘든 것보다 자신이 힘든 게 낫다는 것이었고, 두 번째는 화장실 청소를 마치고 샤워까지 하고 나면 정말로 집과 본인이 같이 깨끗해진다는 생각이 든다는 것이었다. 부럽기도 했지만, 그 이야기에 공감했다. 두 번째 이유가 내 생각과 같았기 때문이다. 욕실까지 정리·정돈을 마무리해야 그 집의 정리·정돈은 완벽하게 끝이 났다고 할 수 있기 때문이다.

화장실을 깨끗하고 깔끔하게 오래 유지하기 위해서는 당연히 청소를 자주 해야 하지만 안에 두는 물건도 최대한 밖에서 수납할 수 있도록 해야 한다. 실제로 냄새가 나지 않게 하려고 많이 두는 집보다 오히려 아무것도 두지 않고 수납장에 수건과 샤워기 옆에 세면용품 외에 아무것도 없는 집이 훨씬 깔끔했다.

그럼 어떤 것들을 비워 내야 할까?
화장실 청소를 시작할 때 입구에 재활용품들을 담을 백과 종량제 봉투를 놓아두자. 생각보다 버릴 것이 많을 수 있다.

* 다 쓴 세면용품들은 즉시 내보낸다.
* 유통기한이 지난 세면용품들도 바로 버린다.
* 필요 이상으로 많이 비치해 둔 여성용품과 샤워용품들은 밖의 수납장에 재배치한다.
* 다 쓴 휴지심도 버린다.
* 이제는 안 쓰는 청소용품도 바로 비운다.

그냥 말 그대로 당장 필요한 것들만 화장실에 있는 게 최적의 수납 방법이라고 할 수 있다. 공간이 좁아서 물건들이 많이 놓여 있을수록 관리가 힘들어 관리를 덜 하고 싶어질 수밖에 없게 된다. 그래서 화장실을 관리하는 게 힘들다고 생각하는 분들은 일단 먼저 화장실에 있는 것들을 밖으로 꺼내는 작업부터 하면 이 부분이 조금 해소될 수 있다. 호텔 화장실이 깔끔한 이유가 필요 이상의 것들이 없기 때문에 깔끔하다는 것을 떠올려 보면 금세 알 수 있는 부분이다.

물품을 최대한 비우는 것 외에 화장실을 깔끔하게 사용할 수 있는 방법은 무엇일까?

먼저 화장실 청소를 할 때 쓰는 청소 도구들을 걸어서 보관하자. 솔, 뚫어뻥 등을 바닥에 두고 보관하는 것보다 벽에 걸어서 두는 게 위생상 좋다. 부착형 고리를 벽에 붙여서 걸어 두자. 그리고 우리가 가장 많이 쓰는 세면대 위에는 아무것도 올려 두지 않는 것이 좋다. 면도기나 칫솔 그리고 치약을 한 번에 걸 수 있는 부착형 행거를 걸어 두면 한 번에 정리가 되고 보기도 좋다. 자신의 스타일에 맞는 것을 걸어 두면 기분도 좋아진다.

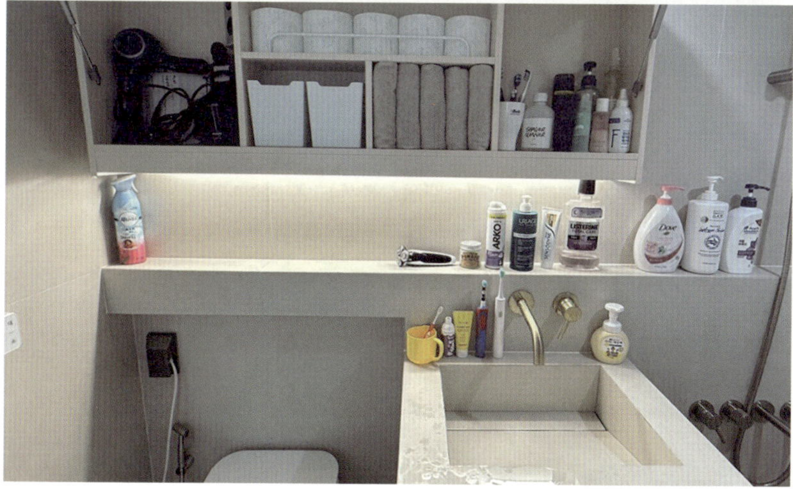

변기는 그럼 어떻게 관리를 하면 좋을까? 모든 사람이 제일 청소하기 꺼리는 것이 이 변기인데 이 녀석은 항상 물을 안고 살기 때문에 물때가 쉽게 끼며 그로 인해 찌든 때도 쉽게 발생한다.

1) 화장실 청소 팁

분무기형 락스를 뿌리고 나서 30분이 지나서 뜨거운 물과 솔로 닦아 내도 찌든 때가 지워지지 않는 경우가 있다. 이럴 땐 간단하게 치약과 휴지만 가지고도 해결이 가능하다. 솔 앞부분에 치약을 뿌려서 빡빡 밀어 내면 원래의 흰색으로 돌아온다. 그리고 물이 항상 차 있는 부분은 청소하기가 쉽지 않아 보이는데 이럴 때는 한 번 일차적으로 솔로 닦아 낸 뒤에 휴지를 올려 두고 세정제를 뿌린 후, 잠시 방치한 후 변기 물을 내리면 깔끔해진다.

욕실에는 물때와 더불어 곰팡이도 정말 많이 끼게 된다. 정말 쉽게 끼게 되는 편이라 익숙해질 법도 한데 절대 익숙해질 수 없는 검푸른 색의 녀석들을 보면 '내가 게으르구나.' 혹은 '내가 관리를 잘못하고 있구나.' 라고 생각이 들게 된다.

곰팡이를 가만두면 걷잡을 수 없이 퍼져 나간다. 그리고 악취의 주원인이 되며 건강에도 좋지 않다. 그럼 이 녀석을 어떻게 잡아야 할까?

방법은 정말 쉽다. 분무기와 휴지 그리고 락스만 준비하면 된다. 분무기에 락스를 가득 넣어 주자. 그리고 곰팡이가 있는 곳에 사정없이 뿌려 주기만 하면 된다. 그리고 30분 정도 있다가 화장실에 있는 청소용 솔로 박박 밀어 주면서 뜨거운 물로 씻어 내면 된다. 하지만 지워지지 않았거나 천장 같은 손을 대기 어려운 부분은 고무장갑을 끼고 곰팡이 부분에 휴지를 여러 장 붙인 후에 곰팡이를 멸살시킨다는 생각으로 분무기를 이용해 락스로 흠뻑 적신다.

그리고 뿌려 놓고 잠을 자면 된다. 만약 중간에 잠시 깼다면 분무기로 한 번 더 적셔 주면 더욱 좋다. 그리고 자고 일어나서 상쾌한 마음으로 샤워를 한다 생각하고 문 앞에 종량제 봉투를 두고 휴지들을 다 버리자. 뜨거운 물로 세척하면 아주 깨끗하게 곰팡이가 제거된다. 생각보다 노동도 크게 들이지 않고 화장실 청소가 가능하다.

마지막으로 화장실의 배수구 청소를 알아보도록 하자. 화장실에서 악취가 난다면 들어가기도 싫어지고 쓸 때마다 짜증이 난다. 환기를 한다고 하여도 그렇게 효과도 없다. 어떤 분들은 이유를 몰라서 고민을 하기도 한다. 대부분 악취의 원인은 바로 화장실의 배수구 때문이다.

우리가 샤워를 하면서 떨어지는 세균과 머리카락 그리고 체모들, 때들이 배수구에 쌓인다. 이에 더해 물때가 끼면서 배수구의 구멍이 막히기 시작한다. 그로 인해 물이 원활하게 빠지지 못하고 고이면서 더욱 심해진다. 이것을 놔두게 되면 악취는 갈수록 더 심해지기 때문에 최대한 빨리 마음먹고 실행하도록 하자.

굳이 마트 가서 무언가를 살 필요 없다. 장갑을 딱 끼고, 칫솔과 베이킹소다와 락스 그리고 뜨거운 물만 있다면 당신은 배수구 청소 마스터가 될 수 있다. 먼저 배수구를 다 꺼내고 분해한다. 그리고 장갑을 낀 상태로 머리카락 및 이물질들을 다 꺼내서 바로 버릴 수 있는 작은 봉투에다 담는다. 그러고 나서 락스를 뿌리고 1분 정도 후에 칫솔로 1차적으로 박박 닦아 내서 청소를 하고 베이킹소다를 배수구 부품들과 배수구에 마구 뿌려 준다.

30분에서 1시간 내에 뜨거운 물을 많이 준비하여 전체적으로 부어 주면 끝이다. 이렇게 하면 악취도 사라지고 하수구 밑의 볼 수 없는 막힌 부분들도 함께 뚫어지는 효과가 있다.

8. 아는 만큼 보관한다! '베란다' 정리 절대 비법

이제 집 공간에서 마지막으로 베란다만 남았다. 베란다의 경우에는 번외의 공간이라고 생각하고 창고처럼 막 쌓아 두는 경우가 있다. 또는 쓰레기나 재활용 제품을 쌓아 두다 보니 정리가 잘 안되고 지저분하게 유지되는 경우가 많다. 여기도 엄연하게 집에서 소중하게 사용되어야 할 공간이다.

그렇게 넓지 않고 수납공간이 많이 없는 곳이라 사실 정리하는 것이 크게 어려운 공간은 아니다. 마음만 먹고 시작하면 정말 금방 끝낼 수 있으니 해야 한다. 정리·정돈이 어려운 분들에게 이렇게 빨리 끝나는 공간 먼저 시작하면서 습관을 만들어 보는 것도 좋은 방법이라고 생각한다. 지금 바로 베란다의 정리·정돈 방법을 배워 보자.

베란다의 통로에는 아무것도 놓지 않도록 하자. 그렇게 해야 수납장을 쉽고 편히 열 수 있고 수납하기도 좋으며 일단 전체적으로 깔끔하다는 느낌이 든다. 또한 선반이나 오픈 수납장이 있어 사용할 경우에는 각자 종류에 맞게 수납을 하면 보기 좋고 꺼내기도 수월하다. 그리고 김치냉장고가 있는 경우에도 마찬가지로 김치냉장고 위와 그 앞의 바닥에 아무것도 놓지 말아야 한다.

베란다에는 세탁기가 어느 가정이든 주로 한 대씩 놓여 있다. 세탁기 앞, 옆, 위 모두 주변에 물건을 놓지 않도록 해야 하고, 세제의 경우도 위에서 언급한 선반이나 오픈 수납장에 보관해서 바닥에 보관이 되지 않도록 해서 깔끔함을 유지하도록 하자.

그리고 천장에 수납함이 붙어 있는 경우가 있다면 이렇게 정리를 해보자. 보온 혹은 도시락용 용기들과 잘 쓰지 않는 것들은 제일 위에 보관하며, 세제 그리고 주방 도구 중 가끔 꺼내어 써야 하는 것들은 중간에 넣어 두면 되고, 자주 쓰는 식료품은 제일 아래의 칸에 제일 꺼내기 쉽도록 보관을 해 두면 동선상 편하다.

함께한 분의 사례:
현장 고객 사례를 통해
배우는 정리의 기술!

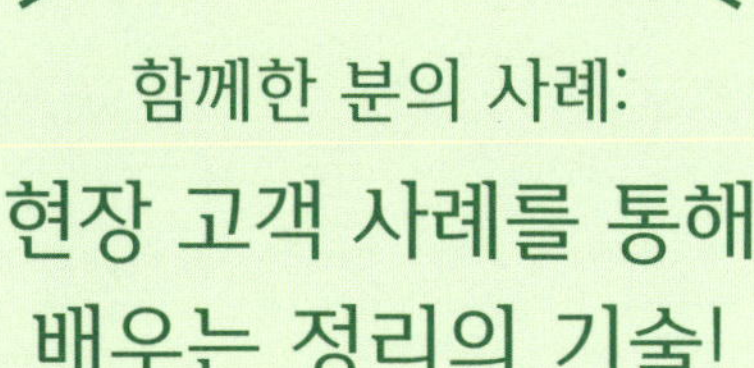

이번 편에서는 한 가정주부의 고민과 실제 정리 방법을 가지고 어떻게 컨설팅을 했는지에 대해서 이야기해 보려고 한다. 나에게 찾아오는 고객들의 1순위 사례이기 때문에 많은 분이 공감하실 수 있을 것 같아 준비했다.

일산 강○○ 고객님:
"아이가 생기고 나서 내 삶이 없어졌어요."

강○○ 고객님은 아이를 낳고 아이가 커 가는 것을 바라보는 것만으로도 너무 행복한 여느 평범한 주부셨다. 그러나 아이가 성장하면서 말을 안 듣기 시작하고, 짐도 많아져 정리가 안 되어 답답했다고, 아이가 가끔 미워지기 시작했고 덩달아 정리를 할 때 집에 없는 남편은 더 미워졌다고 했다. 그래서 조르고 졸라 이사를 가기로 결정했다고 했다.

그런데 사실 이사가 이번이 처음이 아니었다. 신혼 때 살던 집에서 아이가 태어나면서 공간을 넓히기 위해 지금 살고 있는 집으로 이사를 왔는데, 아이가 자라니 이 집마저 너무 좁아 보인다고 하였다. 그래서 집 계약을 마쳤고 2주 후에 이사를 간다고 다시는 돌아가지 않겠다고 다짐하며 나에게 찾아온 것이라고 했다.

참 안타까운 사연이었다. 마음이 그동안 얼마나 힘들었을지 생각하니 안타까웠고 이사를 하기 위해 이미 계약을 마쳤다는 것에 한 번 더 안타까웠다. '계약을 하기 전에 먼저 나를 찾아왔으면 얼마나 좋았을까?' 하는 마음이 들었기 때문이다.

이사를 가야 할지 고민을 하다가 나를 찾아온 고객분들 중 상당수가 정리·정돈 컨설팅을 함께 진행하신 분들이다. 진행 후 지금 집에 찾아온 변화에 만족하여 이사하고자 하는 생각도 사라졌고 남편도 아이도 다시 사랑스러운 가족 구성원으로 보이기 시작했다며 피드백을 주셨다. 그래서 강○○ 고객님의 사연이 2배나 더 안타까울 수밖에 없었다.

다시 본론으로 돌아와 이사를 하기 전날 나를 찾아오셨다. "선생님, 드디어 이사를 가네요. 이제는 조금 더 넓어졌으니 아이 공간은 아이 공간대로 그리고 제 옷방도 만들고 싶고, 아이가 미워지는 일이 없어질 것 같아서 너무 행복해요."라며 발을 동동 구르고 설레는 모습을 보이셨다. 그리고 가구가 들어오고 집 먼지 청소를 다 끝내고 난 후 그다음 날 찾아뵙기로 약속을 하였다.

드디어 대망의 그날이 밝았다. 고객님과 남편분이 함께 맞아 주셨고, 아이는 친정에 잠시 맡겨 두었다고 했다. 집은 32평 남짓 되는 아파트였고, 방 3개, 거실 1개, 화장실 2개 되는 5년 정도 된 아파트였다. 아이는 단 한 명이었고, 더 가질 계획은 현재 없어서 부부의 침실, 아이를 위한 방, 그리고 옷방으로 방 3개를 구성하려고 하였다. 다행인 것은 전날 모든 가구와 가전제품들이 딱 맞춰서 들어왔기 때문에 정리·정돈 작업을 진행하는 데 문제가 없었다. 가구가 덜 들어온 상태라면 가구 배치를 하기가 어렵고 다시 수정을 해야 하는 경우가 생길 수 있기 때문에 이사를 해서 새로 정리·정돈을 하는 경우라면 가구가 다 들어온 후 컨설팅을 요청하는 게 좋다.

먼저 거실의 가구 배치부터 새로 시작하였다. 현관에서 사람들이 들어오는 방향과 소파가 바라보고 있는 방향이 같은 곳을 바라보고 있었던 것을 서로 마주 보는 방향으로 거실의 방향을 완전히 뒤집었다. 그렇게 함으로써 누군가가 침입을 한다거나 갑작스러운 방문 등에 대응도 가능하며 누군가 집에 방문을 하고 맞이할 때도 능동적으로 받아들일 수 있는 심리적인 효과가 있기 때문에 이렇게 180도 변경하였다.

이후 새집의 모든 수납장에 짐들을 넣기 이전에 각 방에 넣을 물건들이 담긴 상자와 보자기들을 다 중앙에 배치하였다. 짐을 풀어서 모든 물건을 한곳에 모아 품평회를 시작했다. 제일 먼저 시작은 잡다한 물건이 가장 많은 아이의 방이었다. 아이의 모든 물건을 다 꺼내서 봤는데 강○○ 고객님이 "어머, 이게 아직도 있었네."라고 말을 하였다. 그러면서 먼저 물건을 버리는 상자에 주워 담았다.

이사 전날 나에게 찾아왔을 때 원칙들과 마인드 세팅 부분에 대해서 이야기를 해 주었는데, "새롭게 살겠노라."라며 이사까지 결심한 부부라 그런지 이 부분에 대해서 빨리 적응을 한 듯하였다. 그래서 딱히 무엇을 버릴지 망설이지 않아서 수월하게 진행할 수 있었다. 다만 아이가 갓난아기 때 입던 옷가지들에 대해 미련이 남아서 못 버리고 있었는데 그 부분이 생각보다 양이 많아서 난감해했다. 그래서 딱 한 옷만 남기고 기부를 하거나 다 버리게 하였다.

추억도 좋지만 이사까지 온 마당에 한 보자기 정도나 옷을 들고 있는 것은 맞지 않는 것 같다고 이야기를 드렸다. 물론 그때 기억이 떠올라 아쉽겠지만 보낼 것은 보내 줘야 한다. 아이가 커 갈 때마다 모든 것을 보관할 수 없기 때문이다. 그래서 새로움으로 설렐 수 있게 비워 줄 수도 있어야 하는 것이다. 그렇게 아이의 방을 하나하나 위에서 설명한 것처럼 깔끔하게 정리를 하고 아이 방은 정리를 마쳤다.

그다음으로 옷방을 정리하기 위해 나섰다. 3명 모두 모든 옷을 꺼내고 옷을 종류별로 분류하기 시작했다. 복도로 나와서까지 모든 종류의 옷을 구분하기 시작했다. 처음에만 복잡하고 번거롭지, 한 번만 하면 이후 정리는 정말 아무것도 아니란 것을 설명해 주었고 두 분 다 빠르게 움직여 주셨다. 남편분은 웃으면서 군대에서 선임들 관물함 정리해 줄 때랑 비슷하다며 우스갯소리도 하셨었다.

"내 옷 하는 것만 해도 옷이 많으면 싫을 수 있는데 남의 옷까지 해 주면 짜증 났겠다."라며 그때의 남편을 위로 겸 대신 짜증을 내주던 강○○ 고객님이었다. 그렇게 이야기를 하다 보니 어느새 끝이 나 있었다.

'ㄷ' 자 형식으로 방에 가구를 배치하였기 때문에 한쪽에는 아내분, 중간에는 남편분 그리고 반대편에는 겨울옷과 정장 그리고 아이의 옷을 여기에도 같이 보관하였다.

나는 "아이 옷은 여기에 안 둬도 되는데 왜 여기 걸어 두려고 하세요?"라고 물었다. 아이에게도 이 방에 자기를 위한 공간이 있다는 것을 알려 주고, 옷방을 이렇게 정리한다는 것을 보여 주면 교육에도 좋으리라 생각한다며 그렇게 구성했다고 했다. 좋은 의견 같아서 "저도 덕분에 이런 부분을 배우네요."라고 답하며 옷방도 마무리하였다.

"선생님 덕분에 옷을 버리기 조금 수월했어요. 남편도 저랑 둘이서 했다면 나중에 입을 거니까 버리지 말라고 했을 옷들이 정말 많았다면서 그러네요. 입지도 않은 옷들을 왜 이렇게 보관했는지, 저기 상자에 보관해 둔 것들은 바로 헌 옷 수거함에 넣거나 옷 기부하는 곳이 어디 있는지 찾아서 바로 보내려고요."라며 비우는 것에 대해 두 분이 긍정적으로 생각하셔서 기분이 좋았다. 비운다는 것을 이해하는 게 참 어렵다. 누가 보더라도 '이건 버릴 거야. 무조건 버릴 거네.'라고 생각하는 것은 비우기가 쉽지만 조금이라도 애매하면 망설이게 되는 게 사람들의 특성이다. 물건에 조그만 추억이라도 있으면 더욱 그렇다.

인간은 물론 추억을 먹고 그것을 재미로 이야기도 하며 살아간다. 하지만 추억 때문에 현실에 불편이 가게 하는 것은 옳지 않다. 이것만 생각하면 비우는 것에 대해 마인드 셋이 훨씬 쉬워진다. 그러니 추억이 미련이 되지 않게 마인드를 재정립하자.

　부부의 공간인 침실에는 아이의 물건이 단 하나도 들어오지 못하게 하는 원칙을 세웠고, 가구부터 모든 것에 미니멀리즘을 적용해서 진행했다. 붙박이장, 화장대, 침대 그리고 침대 옆 미니 테이블과 그 위의 장식 용품 외에는 모든 것을 막아 두었다. 수납을 할 수 있는 것 외에는 최대한으로 뺐고, 필요 없는 물품들은 다른 장소로 옮겨서 정리할 수 있게 하였다.

　새로운 공간 그리고 더 넓은 공간으로 이사를 하였고 기존의 집보다 한결 깔끔해진 모습을 볼 수 있었다. 물론 전보다 조금 더 넓어진 공간에 와서 그럴 수도 있지만 많이 만족하신다고 말씀을 주시면서 눈물을 글썽이셨다.

　"하루하루를 정말 억지로 버텨 내고 있다는 생각으로 지냈었어요. 남 모르게 울면서 버텼는데 제 세상이 바뀐 거 같아요. 제가 쉴 공간이 생겼고 저를 위한 곳이 만들어졌어요. 너무 힘들어서 그렇게 갖고 싶던 둘째에 대한 욕심도 잊고 살았는데, 이제 드디어 둘째도 갖고 싶은 생각이 문득 들었네요. 정말 감사합니다, 선생님."이라고 말씀하시는데 듣다가 나도 모르게 울컥해 버렸다.

아직 망설이고 있는 분들에게

정리는 이렇듯 삶과 매우 밀접한 부분이며 공간에서 살아가기 위해 당연히 해야 하는 일 중 하나이다. 우리는 앞의 내용에서 정리가 일으켜 온 변화에 대해서 알 수 있었고 정리를 하는 방법에 대해서 자세하게 배워보았다. 이제 남은 것은 실천만이 남았다.

정리에서 비우기는 절대 모든 것이 아니다. 그렇지만 정말 중요한 부분은 맞다. 새로운 것을 담기 위해서는 무언가를 포기할 줄도 알아야 하듯 정리·정돈에서도 이 부분은 마찬가지이다. 과거의 것에 집착하여 계속 갖고 있는 것은 공간이 넉넉할 경우에는 물론 가능하지만 그렇지 않은 경우 그것은 사치이며 미련이며 오히려 공간의 낭비라고 할 수 있다.

그리고 비우기를 하면서 분명 배우는 점도 있다는 것을 밝혔다. 비우면서 또한 과거의 것을 보내 주면서 새로운 마음가짐도 가질 수 있다. 그리고 다시 공간이 어지럽혀지는 확률 또한 낮출 수 있고 그렇게 함으로써 정리를 습관화할 수 있게 된다.

정리는 어차피 평생 하고 살아야 한다. 딱 한 번 하고 끝낼 것이 아니다. 그러니 더 이상 나중으로 미루지 말고 바로 시작을 하자. 결벽증이라는 것을 가지고 있어야만 정리를 잘하는 것이 아니다. 정리를 하는 방법을 올바르게 배우고, 실천을 하여 몸에 익히고, 이것을 지속적으로 진행해서 당신의 DNA를 정리하는 DNA로 만드는 것이 진짜 정리라고 할 수 있다.

정리가 힘든 사람이 있다면 누군가와 같이 정리를 해도 된다. 같이 사는 사람을 불러도 되고, 주변의 정리를 잘하는 친구를 불러도 되고, 사람을 고용해도 된다. 그런 인프라가 없다면 인터넷 커뮤니티에서 그러한 목적을 가진 이들을 찾으면 된다. 요즘 정리 관련 커뮤니티도 지속적으로 일어나고 있고 함께 '품앗이'라고 하여 서로의 집을 같이 정리해 주면서 친목도 다지는 루트도 새로 생기고 있는 추세다.

혼자만 하면 힘들 수 있다. 그럴 땐 위와 같은 방식으로 방법을 찾아

라. 함께하면 하고자 하는 방향으로 가게 된다. 헬스장에서 운동을 더 열심히 하기 위해 운동 파트너를 찾는 것처럼 당신을 위한 '정리·정돈 메이트'를 찾아보자.

이별한 사람, 사별한 사람, 함께하던 반려동물을 무지개 너머로 보낸 사람, 취직한 사람, 결혼하는 사람 그리고 새롭게 이사하는 사람들 등등 정말 많은 종류의 사연을 가진 분들을 만났고 이야기를 나눴고 함께 울고 웃으며 그들과 함께했다.

그리고 지금의 공간이 싫어서 또 좁아서 공간이 없다는 이유로 이사를 가는 이들 대부분이 이사 결심을 철회했고 지금의 공간에서 만족하며 새로운 변화를 즐기고 있다. 이사가 정답은 아니라는 것이다. 결국 당신이 조금 더 움직인다면 엄청난 비용을 줄일 수 있고 새로운 공간과 분위기도 그곳에서 만들어 낼 수 있다.

처음엔 '어떻게 관리를 저렇게 할 수가 있지?'라고 느낄 만큼 심각하게 생각을 했다가 나중엔 '그럴 수밖에 없었구나.'라고 생각하게 되었다. 대부분은 잘 몰라서였고 혹은 삶의 의욕을 잃어버렸기 때문이었다. 하지만 그들의 공간을 함께 변신시키고 그들의 삶이 변화되는 모습을 보면서 나도 배우고 보람을 느끼며 이 작업의 의미를 매번 느끼게 되었다.

프로처럼 당신의 공간을 전문적으로 정리를 하라는 말이 절대 아니다. 다만 당신을 위해서 당신의 공간을 사랑하고 아껴 줘야 한다는 것이다.

그게 정리·정돈을 하는 의미이다. 무언가에 지쳐서 의미를 잃어 가고 있다면 비용 하나 들지 않는 정리·정돈을 하면서 일어날 변화를 생각하면 기대되지 않는가?

더 이상 당신을 위해 망설이지 말고 움직여 보자.
그리고 지금 움직여서 시작하는 그 작은 시도가 당신의 인생을 바꿀 수도 있다는 것을 잊지 말자.

삶을 바꾸는 집 정리 노하우

1판 1쇄 발행 2024년 07월 17일

저자 김은호

교정 주현강 **편집** 윤혜린 **마케팅·지원** 김혜지

펴낸곳 (주)하움출판사 **펴낸이** 문현광

이메일 haum1000@naver.com **홈페이지** haum.kr
블로그 blog.naver.com/haum1000 **인스타그램** @haum1007

ISBN 979-11-6440-608-1(03590)